果蔬智能作业装备
进展与趋势

尚明华◎等　著

U0321019

中国农业科学技术出版社

图书在版编目（CIP）数据

果蔬智能作业装备进展与趋势 / 尚明华等著. —北京：中国农业科学技术出版社，2020.8

ISBN 978-7-5116-4823-5

Ⅰ.①果… Ⅱ.①尚… Ⅲ.①智能技术—应用—果树园艺—研究 ②智能技术—应用—蔬菜园艺—研究 Ⅳ.①S66 ②S63

中国版本图书馆 CIP 数据核字（2020）第 117075 号

责任编辑　李　华　崔改泵
责任校对　贾海霞
出 版 者　中国农业科学技术出版社
　　　　　北京市中关村南大街12号　　邮编：100081
电　　话　（010）82109708（编辑室）（010）82109702（发行部）
　　　　　（010）82109709（读者服务部）
传　　真　（010）82106650
网　　址　http:// www.CASTP.cn
经 销 者　各地新华书店
印 刷 者　北京建宏印刷有限公司
开　　本　787mm×1 092mm　1/16
印　　张　11
字　　数　228千字
版　　次　2020年8月第1版　2020年8月第1次印刷
定　　价　78.00元

《果蔬智能作业装备进展与趋势》

著 者 名 单

主　著：尚明华

副主著：刘淑云　　王富军

著　者：李乔宇　　穆元杰　　张　静　　赵庆柱

　　　　胡树冉　　秦磊磊　　管雪强　　于晓明

　　　　尹志豪　　李明丽

▶ **本书得到以下项目资助**

山东省农业科学院创新工程任务（CXGC2016B15）

山东省重点研发计划项目（2019GNC106131）

山东省重大科技创新项目（2019JZZY010715）

山东省重大科技创新项目（2018CXGC0207）

山东省重大科技创新项目（2017CXGC0210）

前　言

　　我国是农业大国，但农业生产过程机械化率、自动化程度与欧、美等发达国家仍有较大差距。习近平总书记指出，"要大力推进农业机械化、智能化，为农业现代化插上科技的翅膀"。农业机械化和农机装备是转变农业发展方式，提高农村生产力的重要基础，是实施乡村振兴战略的重要支撑。农业的根本出路在于机械化，未来农业的根本出路在于智能作业装备。发展智慧农业，让机器作业，人来指挥机器，用机器人代替劳动力，这是现代农业的必然趋势。2018年，国务院印发《关于加快推进农业机械化和农机装备产业转型升级的指导意见》，提出"促进物联网、大数据、移动互联网、智能控制、卫星定位等信息技术在农机装备和农机作业上的应用"。2019年，中共中央办公厅、国务院办公厅印发《数字乡村发展战略纲要》，提出"推动农业装备智能化，研制推广农业智能装备，提升农业装备智能化水平"。2020年，山东省人民政府办公厅印发《山东省推动苹果产业高质量发展行动计划的通知》，提出"加快苹果采摘、田间管理、产后加工等机具装备的研发生产，大力推广经济实用型果园机械，着力构建覆盖产前、产中、产后全过程的苹果机械化管理体系"……国家及省相继出台的一系列政策文件表明，发展智慧农业是必由之路，农业机器人时代已经到来。智能农业作业装备是提高农业生产效率、实现资源有效利用、推动农业可持续发展不可或缺的工具，对发展现代农业，改变农民增收方式，推动农村经济发展起着非常重要的作用。

　　近年来，在相关科研项目支持下，团队在农业智能装备领域展开了研究工作，并取得了初步进展，其中最具代表性的是喷药机器人。团队研发的果园喷药机器人在烟台、威海等地果园内进行了喷药作业试验验证和现场观摩，达到了预期效果，目前已接近批量生产、投入使用阶段。本书在广泛调研果蔬智能作业装备国内外研究成果的基础上，结合团队在相关领域的研究积累，分析了国内外果蔬智能作业装备的研究现状、关键技术、典型装备及应用案例等，提出了农业智能作业装备产业发展方向与思路。全书共分4章：第一章介绍了果蔬智能作业装备的概念及发展现状等；第二章介绍了果蔬智能作业装备相关技术基础，包括移动平台及作业装备等；第三章从技术需求、国内外研究现状、总体架构及详细技术内容、应用案例等方面介绍了多种果蔬种植智能作业装备；第四章从注重技术创新与集成、构建智能作业装备制造体系、制定系列产品规范标准、打造农业智能作业装备生态圈等方面分析了我国农业智能作业装备产业发展方向与思路。

本书既是对团队前期相关研究成果进行的阶段性整理和总结，又是一份交流材料，阐述了农业智能作业装备领域的相关知识与观点，与读者及专家进行交流。本书参考了国内外相关研究综述和文献资料，在此一并致谢，因著者水平有限，又因时间、人力及资料等限制，书中缺漏和不足之处在所难免，恳请读者批评指正。

著　者

2020年5月

目　录

第一章　果蔬种植与智能作业装备

第一节　智能装备概述

一、农业发展历程

（一）农业1.0——原始农业时代

原始农业时代，在原始的自然条件下，采用简陋的石器、棍棒等生产工具，从事简单农事活动的农业。使用石器工具从事简单活动的农业，系由采集、狩猎逐步过渡而来的一种近似自然状态的农业，属世界农业发展的最初阶段。其特征是使用简陋的石制工具，采用粗放的刀耕火种的耕作方法，实行以简单协作为主的集体劳动。原始农业的基本特征如下。

（1）生产工具简单落后，以石刀、石铲、石锄和棍棒等为主。

（2）耕作方法原始粗放，采用刀耕火种。

（3）主要从事简单协作的集体劳动，获取有限的生活资料，维持低水平的共同生活需要。

（二）农业2.0——传统农业时代

传统农业是在自然经济条件下，采用人力、畜力、手工工具、铁器等为主的手工劳动方式，靠世代积累下来的传统经验发展，以自给自足的自然经济居主导地位的农业。传统农业是一种生计农业，农产品有限，家庭成员参加生产劳动并进行家庭内部分工，农业生产多靠经验积累，生产方式较为稳定。传统农业生产水平低、剩余少、积累慢，产量受自然环境条件影响大。

传统农业时期是以人力与畜力为主的传统农业，是农业社会的产物。在农业社会漫长的发展过程中，人类最重要的劳动工具是用以开发土地资源的各种简单手工工具和畜力，它们是对人类体力劳动的有限缓解，并没有从根本上把人类的生产活动从繁重的体力劳动中解放出来。纵观人类社会的发展，尽管生产工具从早期的石器、青铜器发展到后来的铁器，但从整体来讲，在农业社会，生产工具仍然是初级工具，生产工具只是人体局部功能的有限延伸。随着时代进步，传统的农业体制逐渐制约了生产力发展，转型升级势在必行。

（三）农业3.0——机械化农业时代

机械化农业时代是以1776年蒸汽机的发明和使用为标志，人类社会的生产工具得到了革命性的发展，人类发明和使用了以能量转换工具为特征的新的劳动工具，机器代替手工，标志着人类工业社会的开始。在300多年的工业社会历程中，原有的以畜力、水力和风力等作为动力的简单器具已经无法满足农业劳作需求，能量转换工具实现了两次历史性的飞跃，对人类社会生产及生活产生了极为深远的影响。与此同时，伴随着工业革命的发展，农业机械化工具不断出现，这直接催生了农业装备开始在农业广泛应用，机械化农业工具开始出现。尤其是在改革开放之后，工业化生产进一步提高，大型综合型农业机械被广泛使用，农田里也逐渐出现了机器的轰鸣，这标志着一个农业生产新时代的来临。

农业3.0时代主要以机械化生产为主，是适度经营的"种植大户"时代。在这个时期，人们运用的先进适用型农业机械代替了人力、畜力生产工具，改善了长久以来"面朝黄土背朝天"的农业生产条件，将落后低效的传统生产方式转变成了先进高效的大规模生产模式，大幅提高了生产效率及生产力水平。

（四）农业4.0——自动化农业时代

早期的农业机械化缺乏信息化支撑，只是实现了用机器代替人的纯劳力替换。20世纪后期，随着微电子技术和软件技术的发展，人类社会改造自然的工具也开始发生革命性的变化，其中最重要的标志是数字技术使劳动工具自动化。信息技术与农业机械、装备和设施深度融合，实现农业数字化、精准化和自动化生产。尤其是农业物联网技术的兴起，打破了传统农业中浇水、施肥、打药完全凭感觉、靠经验的传统，实现了物联网精准"感知"农业的技术。在设施蔬菜种植中，在温室大棚内布置物联网前端感知设备（各种传感器），如图1-1所示，精准感知作物生产环境中的光、温、水、肥、气等参数，可以同时采集温度、湿度的信息进行管理，应对环境的变化，还可以实时分析土壤信息，掌握土壤营养成分，及时为蔬菜补充营养。以前管理大棚，全靠人工，需要耗费大量的时间和人力，农业4.0中利用农业物联网技术，只需手机电脑短信指令操作，就可以完成浇水、施肥、拉帘、放风等工作。通过综合利用物联网技术，对设施蔬菜生长环境进行实时监测、记录与自动控制，及时调整相关参数，可有效提高设施蔬菜生产环境数据测量精度，提高劳动生产效率，促进农作物的增产增收，实现农作物科学生产，设施蔬菜生产的信息化、精准化和智能化管理，既节省人工，又提高了效率。

图1-1　设施大棚中物联网设备

（五）农业5.0——智能化农业时代

21世纪后期，随着人工智能和机器人技术的发展，人类社会改造自然的工具也开始发生革命性的变化，其中最重要的标志是劳动工具智能化，无人系统成为农业生产主要特征。如果说工业社会的劳动工具解决了人类四肢的有效延伸，而智能社会的劳动工具则解决了无人系统的作业问题，这将是一次增强和扩展人类智力功能、解放人类智力劳动的革命。智能工具在农业领域的扩散应用催生了农业5.0，其典型特征是高速发展的智能化和无人化，为智能社会区别于信息社会的典型特征，如图1-2所示。农业5.0的本质是通过物联网、大数据、移动互联网、云计算、空间信息和智能装备等新一代信息技术与农业资源要素的重新配置和深度融合，产生一个更高产、高效、优质、生态、安全的、更具有竞争力的新业态。这个发展过程相对于之前4.0时代最大的差别就是能够实现真正的无人化作业，使得农业生产在可控的条件下更加高效便捷。

图1-2　无人拖拉机

从农业1.0到农业5.0是一个发展极其缓慢的过程，在这个过程当中，我们遇到过很多挫折，也遇到过很多困难，但是给我们带来更多的是社会的发展、科技的进步、生活的便捷。

二、智能作业装备

（一）智能作业装备概述

农业作业装备是农业生产过程中必不可少的工具，先进的作业装备是不断提高土地产出率、劳动生产率、资源利用率，实现农业现代化最基本的物质保证和核心支撑。随着农业的发展，农业作业装备也经历了3个不同的阶段。第一阶段是原始农业时期，在原始的自然条件下，采用简陋的石器、棍棒等生产工具，从事简单农事活动的农业，这个时期谈不上作业装备的使用；第二阶段是传统农业时期，采用人力、畜力、铁器等手工工具作为作业装备，进行以手工为主的劳动；第三阶段是现代农业时期，这个时期的农业作业装备指的是动力机以及与动力机搭配在一起使用的多种农机具的总称，包括大小型拖拉机、播种机、耕耘机、插秧机、脱粒机、抽水机、联合收割机等，全程需要人的参与，通过人的大脑进行分析、推理、判断、构思和决策等智能活动，使用人力操作农业作业装备进行农事操作。

智能作业装备是指在动态环境下，将农业技术与先进的电子信息技术相结合，利用计算机系统将传感器接收到的信息进行逻辑运算，然后发出指令来控制农机精确完成各种动作，从而实现农业生产和管理的智能化。据《中国制造2025》重点领域技术创新绿皮书介绍，农业智能装备是融合生物和农艺技术，集成机械、电子、液压、信息等高新技术的自动化、信息化、智能化的先进装备，发展重点是粮、棉、油、糖等大宗粮食和战略性经济作物育、耕、种、管、收、运、贮等主要生产过程使用的装备。集成计算机、自动控制、电气控制、图像识别技术、物联网、人工智能等高新技术，使其在作业过程中能进行智能活动，诸如分析、推理、判断、构思和决策等。通过人与智能机器的合作共事，去扩大、延伸和部分地取代人类在制造过程中的脑力劳动，把机械自动化的概念更新，扩展到柔性化、智能化和高度集成化。

智能作业装备需要很多的技术支撑，首先是物联网技术，赋予物体身份、通信方式、思想；其次是大数据，把各种作业的数据都统计上来，使机器按照最优化的状态进行工作，所有的计算都在云端；再次是人工智能，机器所有的作业都是它自主完成，机器和机器之间的通信也是自主的，这才能真正实现智能化；最后就是各种装备用到大田，用到家禽养殖、水产、果园，这样的作业装备就是智能作业装备。

目前，我国智能作业装备主要包括无人驾驶、无人机、智能水肥一体化、农业机器人、无人农场这几大方面。

（1）无人驾驶首先是无人驾驶拖拉机。无人驾驶拖拉机配备GPS、北斗、惯导、基站、线控转向、制动、换挡、前轮转角传感器、屏显、云端监控等。无人驾驶拖拉机省力省时省工、效率高、成本低，受到农户青睐，如一拖集团研制超级拖拉机 I 号，是中国发布的首台具备完全自主知识产权无驾驶室纯电动无人驾驶拖拉机，该产品汇集多方智慧，超级拖拉机 I 号承载着"电动化、无人化、网联化"三大任务，目前已实现了前两项任务。

其次是无人驾驶观光车。无人驾驶观光车能增加旅游乐趣，减少驾乘人员成本。无人驾驶观光车具备自动导航、自主避障、自动制动、手机APP远程交互、监视、遥控等功能，大大节约劳动力成本，提高经济效益。

此外，无人驾驶还包括无人驾驶乡村运输车、无人驾驶割草机、无人驾驶旋耕机以及无人驾驶墒情、作物微环境采集车等。

（2）植保无人机。植保无人机具有体积小、重量轻、运输方便、可垂直起降、飞行操控灵活，对于不同地域、不同地块、不同作物等具有良好的适应性的优点。目前，国内常用的农用植保无人机主要有"天鹰-3""Z-3"、大疆单旋翼"CAU-WZN10A"与多旋翼"3WSZ-15"等。仅在2018年，我国植保无人机的需求量就约在8 000架次，作业面积约达到2亿亩次（1亩≈667m^2，15亩=1hm^2，全书同）。

（3）水肥一体化技术。水肥一体化技术通过对灌溉、施肥的定时、定量控制，提高水肥利用率，达到节水、节肥，改善土壤环境的目的，如图1-3所示。采用微灌系统按需施灌，节水达30%～40%，节肥80%；集中作物根区，水肥吸收直接快速，利用率高；解决作物中后期施灌成本高、操作难；实现水肥耦合，养分吸收全面高效，提高水肥利用率。

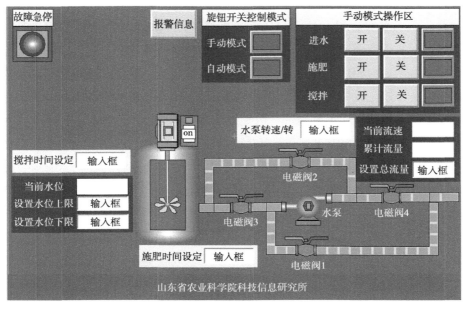

图1-3　水肥一体化精量施用系统示意

（4）农业机器人。能自动感知作物种类和环境变化，自主行走，通过智能算法实现农田无人自动作业，如图1-4所示。目前主要包括施肥机器人、大田除草机器人、菜田除草机器人、采摘柑橘机器人、采摘蘑菇机器人、分拣果实机器人、番茄收获机器人、采摘草莓机器人等。

图1-4　番茄采摘机器人

果蔬生产管理的机械化、自动化、智能化，直到无人化的智慧农业、无人农业、无人农场等新的概念的提出，是农业发展的方向，更是果蔬生产管理的发展方向，这些都离不开智能作业装备。

（二）智能作业装备优点

智能作业装备是在科学技术时代经济发展进步的背景下的必然需要，其智能技术的优势在实践中得到了充分地展现。在智能型机械设备运行、运转过程中，操作员可以对其发出一系列程序指令进行智能分析和智能过滤，并决定是否执行这些操作指令。智能机械自动化设备具有高智能特性的原因在于其各机械设备与部件具有相应的智能单元，智能单元能够很好地进行数据提取和远程控制。这种智能性不仅大大节省了机械生产的时间，而且有助于保证生产的安全。

（1）解放劳动力，提高劳动生产效率。随着城市化进程的加剧，农村青壮劳动力逐渐减少，造成这种情况的主要原因，从主观上来讲是大部分的农村青壮劳动力更愿意到城市来赚取更多的工资报酬，过上更好的生活，而不愿意留在农村务农。而从客观上来讲，也是因为城市中以建筑行业为代表的各行各业的高速发展带来的巨大人才缺口需要农村劳动力的满足，在这样的情况下，农村劳动力外流，势必会对农村原本的农业生产造成影响，农业机械自动化，极大的精简了农业生产中所需的劳动力。在机械系自动化生产中实现与智能化、数字化、互联网等技术融合的机械自动化科技设备可以极大地、前所未有的解放生产力，可以减少人为错误造成的损失，可以有效提升生产能力。

（2）精准管理。利用各种自动化、智能化、远程控制的智能设备参与果蔬生产过程，统计分析多年的数据，掌握精准化管理的最佳参数，不仅可代替传统农机进行实际作业，还能根据产量信息、气候信息等对生产进行预测，确保各类农作物有一个良好的、适宜的生长环境，处于较好的生长状态，对农业生产具有指导作用。

（3）集成程度高，多功能性。高集成度是智能作业装备的关键特征之一，没有高度的集成度就不可能生产出智能机器。由多种自动化电气设备产品组合而成的智能机械可以有效完成预先设计的功能，实现智能型农机具有通用性，即多功能性。一台智能型农机可同时具备普通农机所具有的功能，可以在各种环境下进行作业。如一台无人驾驶拖拉机搭载配药机构可以实现自动喷药，搭载采摘机构就可以实现自动采摘智能，搭载不同的执行机构，就可以进行不同的农事操作，实现一机多用。

（4）安全性好，可靠性高。农业装备的应用在我国具有非常悠久的历史，在我国的大部分农村地区，农业生产都已经告别了纯人力生产时代。但是，传统的农业装备在使用中也存在许多问题，很多设备的安全性和稳定性难以保证，操控者对设备不了解，设备缺少有效的实时监控机制，这些问题导致了很多农业生产机械设备更高的报修率和报废率，甚至可能因为设备故障而导致一些严重的事故发生。自动化农业机械在使用过程中更加的智能化，能够对自身的工作状态进行监控，避免故障和事故的发生。

（5）绿色生产，保护环境。随着农业化学药品所带来的危害性日益增加，智能作业装备可以实现水肥药的精量施用，精确控制水肥药的投入量，减少了化肥农药的投入，保护了生态环境。

三、智能装备的重要作用

（一）改变传统生产和管理方式，提升机械化水平

30年来，我国果蔬产业有了飞速发展，产量有了大幅度提高，但我国果蔬生产仍然以传统生产模式为主，果蔬种植主要依靠人工经验管理，需要大量的人力，在水果、蔬菜等附加值高的生产领域，劳动力成本逐年加大。随着果蔬生产成本的持续上升，依靠拼资源、拼投入的粗放农业发展道路已难以为继，农产品质量安全水平难以满足人民生活水平提高的需求，农产品竞争力难以满足国际竞争的要求，农业生产环境也在持续的恶化，传统果蔬生产遇到了瓶颈。

农业机械化，是指运用先进适用的农业机械装备农业，改善农业生产经营条件，不断提高农业的生产技术水平和经济效益、生态效益的过程。如在种植业中，使用拖

拉机、播种机、收割机、动力排灌机、机动车辆等进行土地翻耕、播种、收割、灌溉、田间管理、运输等各项作业，使全部生产过程主要依靠机械动力和电力，而不是依靠人力、畜力来完成。实现农业机械化，可以节省劳动力，减轻劳动强度，提高农业劳动生产率，增强克服自然灾害的能力。随着科技的发展，我国未来农业的发展方向是智慧农业，将物联网、大数据、移动互联网、智能控制、卫星定位等信息技术与传统农业作业装备相融合，提高传统农业作业装备的智能化水平，是改变传统生产和管理方式，提升机械化水平重要手段。

（二）改变产业发展方式，提高农业生产力

传统果蔬种植是劳动密集型产业，需要大量的劳动力，随着社会的发展，越来越多的农村青壮年男性选择外出务工，使得留在农村从事农业的劳动力数量减少，年龄老化，有些地方甚至出现了季节性的劳动力短缺。农业兼业化、副业化倾向显现，农民对农业生产的某些环节无力顾及，甚至退出传统生产领域，劳动力短缺成为制约农业发展的重大问题之一。智能作业装备的自动化、智能化和机械化程度远高于传统农业，能大大提高劳动生产率，提高生产力。

以设施农业为例，设施农业是一种劳动密集型的精细化农业，如卷帘操作，为保证温室内的温度，温室大棚种植过程中，每天早上必须卷起帘子以便于阳光射入温室内，提高温室内的温度；傍晚必须放下帘子，减少温室内热量的散失。仅卷帘放帘一项，每座温室每天需要固定1个人用1h的时间拉帘子、放帘子，而现在通过手机端10min就可以完成，省时省工。以前一个劳动力只能经营1~2座日光温室，通过智能作业装备，可以实现一个劳动力管理20~30个温室，劳动生产率大大提高。除此之外，还能大大减轻生产者的工作强度，农业从业者的经营能力将大幅提升。

（三）实现果蔬种植现代化的重要保证和核心支撑

农业现代化是指从传统农业向现代农业转化的过程和手段，把农业建立在现代科学的基础上，用现代科学技术和现代工业来装备农业，用现代经济科学来管理农业，创造一个高产、优质、低耗的农业生产体系和一个合理利用资源，又保护环境的、有较高转化效率的农业生态系统。在农业现代化这个过程中，农业日益用现代工业、现代科学技术和现代经济管理方法武装起来，使农业生产力由落后的传统农业日益转化为当代世界先进水平的农业。实现了这个转化过程的农业就叫做农业现代化的农业。

果蔬种植现代化离不开智能作业装备。智能作业装备能代替人力的手工劳动，在产前、产中、产后各环节中大面积采用机械化作业，从而降低劳动的体力强度，提高劳动效率；还可以为果蔬产供销及相关的管理和服务提供有效的信息支持，以提高果蔬产业的综合生产力和经营管理效率的过程；在果蔬种植领域全面地发展和应用智能作业装备，使之渗透到果蔬生产、市场、消费以及农村社会、经济、技术等各个具体环节，加速传统果蔬种植改造，大幅度地提高果蔬种植生产效率和生产力水平，促进果蔬产业持续、稳定、高效发展，智能作业是实现果蔬种植现代化的重要保证和核心支撑。

第二节　国内外发展现状

一、国外智能作业装备产业发展现状

自20世纪90年代中期，美国将卫星导航系统安装在农业机械上，从而开启了农业机械高科技、高性能、智能化的先河。目前欧、美、日等发达国家的农业不仅已基本实现全面机械化，而且智能化农机应用也具有相当高的水平。截至目前，美国农业已达到高度发达的农业机械化、智能化水平，整体呈现规模化、集成化、专业化发展。平均每家农场拥有的机械总值高达10万美元。澳大利亚已完成对畜牧生产全过程的机械化，农业机械呈现高智能化、节能化、高效化，从草场的种植、收割、翻种，到奶牛的养殖、挤奶，全部由智能型农机及农业机器人完成。德国的农业现代化水平很高，结合其发达的自动化技术，将所有的播种机、除草机、喷水机、收割机等由电脑全程操纵，不仅提高了作物产量，而且大大压缩了生产劳动环节。

（一）智能化耕作机械

美国Trimble公司所研发的Trimble HV401激光平地机，应用农业激光平地系统对土地进行平整操作。与传统的平地机相比，利用激光技术翻整过的农田翻整精度高出数倍。通过激光发射机发射光信号覆盖农田，以覆盖过的田面为平面基准（可倾斜），当接收器收到光信号后，会向位于刮土铲上的控制箱传输信息，并由控制箱发送指令控制液压系统，完成对土地的高精度翻整。

（二）智能化收获机械

与传统的自走半喂入式联合收割机不同，现代谷物联合收割机采用圆弧状豪华驾驶室，鹰眼型水晶真空灯，加宽底盘，使清选面积更大，收割、脱粒效率更高。美国农场设备制造商卫西·弗格森将计算机系统应用于联合收割机上，更是开创了收获型农机的新领域。利用中央处理单元（CPU），在收割的同时记录田地间各区域的产量，由此来制定不同季度的种植计划以及原料、肥料投入比率，使生产效率大大提高。

（三）智能化灌溉机械

以色列水资源严重缺乏，但依靠领先于世界的灌溉技术，保证了农业的良好发展。目前，由Eldar-Shany公司生产的智能灌溉控制系统（Elgal Agro）是世界上最先进的农机控制系统，可以应用于大型农场、果园、田园的灌溉，且灌溉精确，效率极高，并同时拥有施肥及过滤器反冲洗等装置。另外，澳大利亚Hardie Irrigation公司的一系列自动灌溉系统也十分具有代表性。

（四）农业机器人

农业机械化是衡量一个国家农业现代化水平的重要标志，而农业机器人技术则更能反映一个国家的农业科技创新水平。发达国家对农业机器人的研发起步较早，投资较大，水平也居于世界前列，如澳大利亚的剪羊毛机器人、荷兰的挤奶机器人、法国的耕地和分拣机器人、西班牙的采柑橘机器人等。但目前农业机器人还面临智能化水平不够完善，不能满足生产需要，开发难度大等问题。

二、国内智能作业装备产业发展现状

（一）农业作业装备自动化起步晚

我国农业机械自动化的发展与一些发达国家相比速度较为缓慢。首先，我国的农业机械自动化起步时间较晚，与发达国家存在一定的差距。比如，美国农业早就已经完全实现了全程机械化操作。而我国在发展农业机械自动化时，受到地形、环境等多方面因素的影响，一定程度上制约了农业机械化自动化的发展。我国在农业机械自动化的推进中，使用的农业机械基本都是仿照发达国家的机械设备，与我国的实际情况也存在一定的差异性。科学技术含量不高是其中的重要影响因素，现今的农业机械自动化技术与我国农业发展的需求不能很好的结合，使农业机械自动化技术仍处于初级阶段。近年来，我国农业装备产业快速发展，已成为世界最大的农业装备生产和使用大国。但占市场需求90%以上的国产农业装备为中低端产品，不能全面满足现代农业发展需要，信息化、智能化技术的快速应用进一步拉大了与发达国家的差距。

（二）农业机械自动化地区差异明显

我国的地域范围比较辽阔，每个地区的地形、经济均存在一定的差异，因此农业机械自动化的水平也各有不同。在经济水平较高、地形较为平缓的平原地区，农民有能力也愿意购买先进的农业机械，从而让农业生产力得到提高，可以进一步推进农业机械自动化。而在一些经济水平较差的地区中，农民对农业机械的购买力较低，在农业生产中主要还是依靠人力和畜力，也在一定程度上抑制了农业机械自动化的发展。此外，农业人员的操作水平存在差异也是其中的重要问题。我国农业机械自动化技术的储备人才较少，使得农业机械化的发展速度受到抑制。许多设备操作人员均为基层工作者，一旦设备出现故障，自身没有解决能力，使得机械利用率下降。

（三）国家高度重视，进入迅速发展阶段

智能作业装备的本质就是传统农业作业装备与现代信息技术的融合，信息是血液，没有血液的装备就是"僵尸"，大数据、物联网、云计算就是农业信息技术的有力支撑。我国已在大数据、云平台、物联网系统发展中取得了先机，并且高度重视智能农机发展。《中国制造2025》农机装备发展目标是2025年产值达到8 000亿元，机械水平达到80%。在"十三五"智能农机发展路线中，规划了基础技术研究层面、关键共性技术与重大装备开发层面、典型示范层面3个层面，并提出了信息感知与精细生产管控、智能化设计与验证关键技术、智能作业管理关键技术、智能农业动力机械研发、高效精准环保多功能农田作业装备、粮食作物高效智能收获技术、经济作物高效能收获与智能控制、设施智能化精细生产技术及装备、农产品产后智能化干制与精细选别、畜禽与水产品智能化产地处理技术、丘陵山区及水田机械化作业装备等11个重点方向和47个研究任务，总计科研经费达15.33亿元，其中2016—2020年度启动了19个项目，2017—2020年度启动了17个项目，2018—2020年度启动了11个项目，智能作业装备进入迅速发展阶段。

第二章　智能作业装备的技术支撑

第一节　智能移动平台

一、移动平台

农业机器人在智能作业装备中占据着重要的地位，改善了农民的生产条件，提高了农业耕种效率，推动着智能作业装备行业的不断发展。农业机器人一般由自主移动平台和作业执行机构两部分组成，按照作业环境大体分为两类：一类是在露地农田作业的室外型；另一类是在大棚温室或设施内作业的室内型。不论哪一类，都需要进行自主移动作业，自主移动平台是实现农业机器人运动的基础。按照移动平台行走机构的不同，农业机器人又可分为轮式、履带式、轮—履带式和双足移动结构等几种不同类型。

（一）轮式结构

轮式移动结构目前使用较为广泛，这类机器人适合在狭小的空间里进行工作，常用的结构包括由动力轮与方向轮组成的三轮式移动结构和四轮式移动结构。这两种结构都不能实现任意方向的变化，降低了机器人的灵活性，在此基础上研制出的全向轮移动平台的车轮，可以通过霍尔码盘的反馈实现位移和转向的精确控制，实现在一个平面上自由运动，全方位移动机构具有自身的独特性，也为农业机器人移动平台指出了一个探索方向。

（二）履带式移动结构

与轮式结构相比，履带式结构具有接触面积大、依附地面能力强的特点，可以减少对土壤的破坏，并且对地面适应性较强，可以在地形比较复杂的环境下进行农耕作业。但是它转向不是很灵活，在运动过程中会受空间的限制。目前在进行葡萄采摘任务使用的是这种结构的机器人，结构简单并且易于操作。

（三）轮—履式移动结构

轮—履式移动结构结合了轮式移动结构和履带式移动结构的优点，采用轮和履带混合使用的结构，能够满足不同地形的使用。这种移动平台也逐渐成为现代移动机器人发展的趋势，这种机器人体型较小，但载重能力不强，目前农业方面应用还很少。

（四）双足移动结构

制造出可以用双腿进行行走的机器人结构，一直是人类追求的目标。这种机器人对地面环境的适应能力和躲避障碍物的能力很强，在农业采摘过程中空间狭小，利用双足机器人能够解决这一问题。但是这种机器人研究难度大，机器人在走动时需要保持重心平衡，需要根据机械参数建立运动学和动力学模型，目前还处在试验阶段，还存在着很多问题需要解决。随着科学技术的不断发展，人形机器人将会不断地发展起来，并能够得到广泛的应用。

不论是以上哪种结构，自主导航技术都是很重要的一项内容。只有实现了自主导航，机器人才能自动行走到任意角落，这样机器人替代人工完成各项作业环节才能成为可能。自主移动平台导航的目的就是让机器人具备从当前位置移动到环境中另一位置的能力，并且在这过程中保证机器人本体及周围环境的安全性，移动平台的基本任务包括地图创建、定位、路径规划及智能控制等。

二、定位技术

自主导航是移动机器人应用中的核心问题之一。移动平台自主导航要解决3个基本问题，"我在哪儿？""我要去哪儿？""怎么到达目的地？"解答前两个问题需要移动平台使用各种传感器来感知自身与环境信息，这本质上就是定位和地图创建的相关问题。定位和地图创建密不可分，如果环境地图很准确，移动平台通过传感器探测可以非常容易地定位自身和目标地点，紧接着第三个问题也可以很轻松地解决了。同时地图的精度也依赖于定位精度，定位越准确，得到的环境信息才越可靠。因此，同步定位和地图创建是实现移动平台自主导航的先决条件。

定位技术作为移动平台自主移动的关键技术，主要解决的是移动平台即时定位问题，而自主导航需要解决的是智能移动平台与环境进行自主交互，尤其是点到点自主移动的问题。同步定位是指平台在运动过程中，能够对周围环境进行感知及识别环境特征，并根据已有的环境模型确定其在环境中的位置。地图构建是指移动作业平台能够感知周围环境信息、收集环境信息及处理环境信息，进而获得外部环境在移动平台内部的模型表示。

农业环境复杂多变且受外部影响巨大，而工业环境与室内家庭场景下的环境相对来说比较固定，机器人使用合适的传感器能比较容易地提取出环境特征（如墙面、走廊、拐角等），从而进行自主导航。在室外农业场景下，机器人面对的是土壤、树木、杂草、障碍物等没有太多明显特征的物体，因此提取导航信息的难度就大幅增加。因此，必须按照农田环境和作业特点来选择定位技术，进而实现机器人的自动导航。目前，常用的定位导航技术有以下几种。

（一）全球导航卫星系统

全球导航卫星系统（Global Navigation Satellite System，GNSS）包括美国的GPS（Global Positioning System）、俄国的GLONASS、欧盟的Galileo以及我国的北斗卫星导航系统，还有相关的增强系统，如美国的WAAS（广域增强系统）、欧洲的EGNOS（欧洲静地导航重叠系统）和日本的MSAS（多功能运输卫星增强系统）等，还涵盖在建和以后要建设的其他卫星导航系统，如图2-1所示。国际GNSS系统是一个多系统、多层面、多模式的复杂组合系统。GNSS技术是精准农业的重要基础以及关键技术，在农田工作的每个过程都有应用，如农田整平、田地电子地图绘制、田地和作物信息采集、无人驾驶、精准播种、变量施放肥料、变量喷洒农药、产量监控、农业机械监控等。

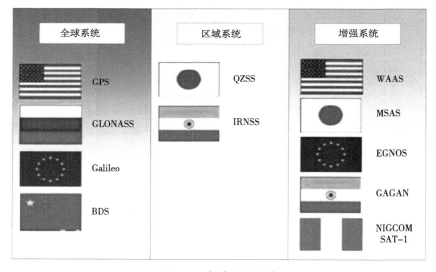

图2-1 全球导航系统

1. 美国的GPS系统

GPS起始于1958年美国军方的一个项目，1964年投入使用，主要目的是为陆海空三大领域提供实时、全天候和全球性的导航服务，并用于情报搜集、核爆监测和应急通信等。它可以为地球表面绝大部分地区（98%）提供准确的定位、测速和高精度的时间标准。全球定位系统GPS具有全球性、全天候、不间断地精准导航以及定位功能，有较好的抗干扰性以及保密性，它拥有如下多种优点：使用低频信号，纵使天候不佳仍能保持相当的信号穿透性；全球覆盖（高达98%）；三维定速定时高精度；快速、省时、高效率；应用广泛、多功能；可移动定位等。

2. 欧洲的伽利略系统（Galileo）

伽利略系统是一个欧洲的全球导航服务计划。它是世界上第一个专门为民用目的设计的全球性卫星导航定位系统，与现在普遍使用的GPS相比，它更显先进、更加有效、更为可靠。它具有四大特点：自成独立体系；能与其他的GNSS系统兼容互动；具备先进性和竞争能力；公开进行国际合作。系统由30颗卫星组成，其中27颗卫星为工作卫星，3颗为候补卫星。

3. 俄罗斯的GLONASS

GLONASS系统能够提供给世界上所有的军用和民用，全天候和不间断提供精度较高的定位、速度和时间信息。在测定坐标位置、测量速度和测量时间的精度上GLONASS高于GPS。

4. 中国的北斗卫星

北斗卫星导航系统（BDS）是中国自行研制的全球卫星导航系统，由空面段、地面段和用户段3部分组成，空间段包括5颗静止轨道卫星和30颗非静止轨道卫星，地面段包括主控站、注入站和监测站等若干个地面站，用户段包括北斗用户终端以及与其他卫星导航系统兼容的终端。可在全球范围内全天候、全天时为各类用户提供高精度、高可靠定位、导航、授时服务，并具有短报文通信能力，已经具备区域导航、定位和授时能力，定位精度10m，测速精度0.2m/s，授时精度10ns。

基于全球定位系统的导航技术已被广泛应用于许多农业机械。全球导航卫星系统的特点是能提供绝对定位信息，常被野外作业移动平台用于在世界坐标系下的定位。但在果园环境下使用GPS导航存在卫星信号遮挡、多路径效应和射频干扰等问题，由于机器人频繁地在树冠下移动，树冠阻碍了GPS卫星信号的传播，因而GPS设备无法有效地用于导航。

（二）RTK定位技术

RTK（Real-time kinematic）载波相位差分技术，是实时处理两个测量站载波相位观测量的差分方法，将基准站采集的载波相位发给用户接收机，进行求差解算坐标。高精度的GPS测量必须采用载波相位观测值，RTK定位技术就是基于载波相位观测值的实时动态定位技术，它能够实时地提供测站点在指定坐标系中的三维定位结果，并达到厘米级精度。

RTK有两个重要概念：基准站和移动站。基准站是固定在地面上为移动站提供参考基准的基站，在使用过程中不可移动，固定基站、云基站都是基准站。移动站是进行作业的设备，它使用基准站发送来的差分数据进行RTK精准定位，无人机和测绘器都是移动站。在RTK作业模式下，基准站通过数据链将其观测值和测站坐标信息一起传送给移动站。移动站不仅通过数据链接收来自基准站的数据，还要采集GPS观测数据，并在系统内组成差分观测值进行实时处理，同时给出厘米级定位结果。

（三）视觉定位导航技术

视觉定位导航系统主要包括摄像机（或CCD图像传感器）、视频信号数字化设备、基于DSP的快速信号处理器、计算机及其外设等。其工作原理简单说来就是对机器人周边的环境进行光学处理，先用摄像头进行图像信息采集，将采集的信息进行压缩，然后将它反馈到一个由神经网络和统计学方法构成的学习子系统，再由学习子系统将采集到的图像信息和平台的实际位置联系起来。

由于经济成本较低，视觉传感器在农业机器人导航中也很常见。在农业机器人自主导航过程中，视觉传感器能采集大量的环境数据，通过合适的算法处理，计算出农机相对于农作物行的位置与姿态，即时地生成机器人转向的控制信号，完成自主导航定位功能。

视觉定位的优点是应用领域广泛，主要应用于无人机、交通运输、农业生产等领域；其缺点是图像处理量巨大，一般计算机无法完成运算，实时性较差，受光线条件限制较大，无法在黑暗环境中工作。

（四）红外线定位导航技术

红外线定位导航的原理是红外线（IR）标志发射调制的红外射线，通过光学传感器接收进行定位。其优点是远距离测量，在无反光板和反射率低的情况下能测量较远的距离；有同步输入端，可多个传感器同步测量；测量范围广，响应时间短。其缺点是受环境的干扰较大，对于近似黑体、透明的物体无法检测距离，只适合短距离传播；有其他遮挡物的时候无法正常工作，需要多个地方都安装接收天线，铺设导轨，造价比较高。

红外传感技术经常被用在多关节机器人避障系统中，用来构成大面积机器人"敏感皮肤"，覆盖在机器人手臂表面，可以检测机器人手臂运行过程中遇到的各种物体。在移动机器人中，常用作接近觉传感器，探测临近或突发运动障碍，便于机器人紧急停障。

（五）激光定位导航技术

激光定位导航的原理和超声、红外线的原理类似，主要是发射出一个激光信号，根据收到从物体反射回来的信号的时间差来计算这段距离，然后根据发射激光的角度来确定物体和发射器的角度，从而得出物体与发射器的相对位置。激光定位系统一般由激光器旋转机构、反射镜、光电接收装置和数据采集与传输装置等部分组成。工作时，激光经过旋转镜面机构向外发射，当扫描到由后向反射器构成的合作路标时，反射光经光电接收器件处理作为检测信号，启动数据采集程序读取旋转机构的码盘数据（目标的测量角度值），然后通过通信传递到上位机进行数据处理，根据已知路标的位置和检测到的信息，就可以计算出传感器当前在路标坐标系下的位置和方向，从而达到进一步导航定位的目的。

激光测距具有光束窄、平行性好、散射小、测距方向分辨率高等优点，但同时也受环境因素干扰比较大，因此采用激光测距时怎样对采集的信号进行去噪等也是一个比较大的难题，另外激光测距也存在盲区，所以单靠激光进行导航定位实现起来比较困难。

（六）超声波导航定位技术

超声波导航定位的工作原理也与激光和红外类似，通常是由超声波传感器的发射探头发射出超声波，超声波在介质中遇到障碍物而返回到接收装置。

通过接收自身发射的超声波反射信号，根据超声波发出及回波接收时间差及传播速度，计算出传播距离，就能得到障碍物到机器人的距离。在移动机器人的导航定位中，因为超声波传感器自身的缺陷，如镜面反射、有限的波束角等，给充分获得周边环境信息造成了困难。因此，通常采用多传感器组成的超声波传感系统，建立相应的环境模型，通过串行通信把传感器采集到的信息传递给移动机器人的控制系统，控制系统再根据采集的信号和建立的数学模型采取一定的算法进行对应数据处理便可以得到机器人的位置环境信息。

超声波传感器具有成本低廉、采集信息速率快、距离分辨率高等优点，长期以来被广泛地应用到移动机器人的导航定位中。而且它采集环境信息时不需要复杂的图像配备技术，因此测距速度快、实时性好。超声波传感器也不易受到如天气条件、环境光照及障碍物阴影、表面粗糙度等外界环境条件的影响等优点。超声波进行导航定位已经被广泛应用到各种移动机器人的感知系统中。

超声波导航定位的缺点是容易受天气、周围环境（镜面反射或者有限的波束角）等以及障碍物阴影，表面粗糙等外界环境的影响。由于超声波在空气中的传播距离比较短，所以适用范围较小，测距距离较短；采集速度慢，导航精度差。

（七）即时定位与地图构建技术（SLAM）

即时定位与地图构建技术（Simultaneous Localizationand Mapping，SLAM），自1988年被提出以来，主要用于研究机器人移动的智能化。对于完全未知的室内环境，配备激光雷达等核心传感器后，SLAM技术可以帮助机器人构建室内环境地图，助力机器人的自主行走。SLAM技术的实现途径主要包括VSLAM、WiFi SLAM与Lidar SLAM。

1. 视觉SLAM（VSLAM）

指在室内环境下，用摄像机、Kinect等深度相机来做导航和探索。其工作原理简单来说就是对机器人周边的环境进行光学处理，先用摄像头进行图像信息采集，将采集的信息进行压缩，然后将它反馈到一个由神经网络和统计学方法构成的学习子系统，再由学习子系统将采集到的图像信息和机器人的实际位置联系起来，完成机器人的自主导航定位功能。

但是，室内的VSLAM仍处于研究阶段，远未到实际应用的程度。一方面，计算量太大，对机器人系统的性能要求较高；另一方面，VSLAM生成的地图（多数是点云）还不能用来做机器人的路径规划，需要进一步探索和研究。

2. WiFi SLAM

指利用智能手机中的多种传感设备进行定位，包括WiFi、GPS、陀螺仪、加速计和磁力计，并通过机器学习和模式识别等算法将获得的数据绘制出准确的室内地图。该技术的提供商已于2013年被苹果公司收购，苹果公司是否已经把WiFi-SLAM的科技用到iPhone上，使所有iPhone用户相当于携带了一个绘图小机器人，这一切暂未可知。毋庸置疑的是，更精准的定位不仅有利于地图，而且会让所有依赖地理位置的应用（LBS）更加精准。

3. Lidar SLAM

指利用激光雷达作为传感器，获取地图数据，使机器人实现同步定位与地图构建。就技术本身而言，经过多年验证，已相当成熟，但Lidar成本昂贵这一瓶颈问题亟待解决。

激光雷达具有指向性强的特点，使得导航的精度得到有效保障，能很好地适应室内环境。但是，Lidar SLAM却并未在机器人室内导航领域有出色表现，原因就在于激光雷达的价格过于昂贵。

三、避障系统

避障是指机器人在行走过程中，通过传感器感知到其路线规划上存在的动态或静态障碍物，按照一定的算法实时更新路径，避开障碍物，最终到达目的地。实现对障碍物的自主避让是移动机器人进行各类"智能化"任务的前提条件和基础。在诸如路径规划、未知环境探索及地图创建等任务中，都要务必保证机器人运行的安全性，即不能与环境中存在的障碍物发生碰撞，因此，能够进行避障规划是机器人自主运行的必要条件。

路径规划要解决的是机器人在环境中如何运动的问题，而机器人避障是指机器人遵循一定的性能要求，如最优路径、用时最短及碰撞等寻求最优路径。因此机器人在进行避障时常会遇到定位精度问题、环境感官性问题以及避障算法问题等。实现避障与导航的必要条件是环境感知，在未知或者是部分未知的环境下避障需要通过传感器获取周围环境信息，包括障碍物的尺寸、形状和位置等信息，因此传感器技术在移动机器人避障中起着十分重要的作用。机器人避障包括利用多种传感器，如超声波传感器、红外传感器及RGBD（Red、Green、Blue、Depthmap）传感器、激光传感器等感知外界环境。

（一）避障规划主要分类及方法

对于避障而言，不同避障系统的规划算法也有很大的差异。依据移动机器人对外界环境的了解程度，可将避障规划分为两类，即已知环境避障计划和未知环境避障规划。其中，已知环境避障规划是指机器人已经提前获得全局环境中的障碍物信息，包括障碍物尺寸大小、位置坐标及具体朝向等，机器人本身只需依据全局已知信息进行避障路线的规划和确定障碍物的检测；而未知环境避障规划是指机器人在起始阶段未获得环境中各障碍物的任何信息，其信息是通过机器人在行进中的探索，依据传感器的检测获取机器人任意时刻周围的实时障碍物信息，并依据检测信息作出行进方向的选择和障碍物回避。

依据机器人所处环境中障碍物的类型差异，可分为两类避障，即静态避障规划和动态避障规划。

基于不同环境条件及障碍物差异的避障规划算法包括以下几类：自由空间法、人工势场法及栅格法等。其中，自由空间法属于全局避障方法，而人工势场法和栅格法等属于局部避障方法。由于全局避障方法要预先通过对环境信息进行海量的数据信息采集，并建立机器人所处环境的数学模型，因此机器人在避障过程中必须随时确定自身在环境中的位置坐标及位姿。自由空间法是将机器人已知的全局环境空间信息分成障碍物空间和自由空间，并将自身的避障问题转化为如何在自由空间范围内使机器人设定的起点与终点之间进行路径连接。自由空间法由于空间的划分只包括两类，因此空间规划相对简单，可以依据不同的性能或指标进行路径规划及避障处理，如最优路径规划方法或最短路径规划方法等，使目标函数值在避障过程中达到最优或极小值。但是由于全局避障规划算法存在大量的环境建模计算量，机器人行进中若周围环境改变或存在动态障碍物，则机器人必须进行环境模型的更新运算，因此在计算工作量增大的同时，路径的计算搜索难度也大幅增加，因此全局避障规划方法一般适用于静态环境中的机器人避障，而动态环境下则必须采用其他的避障规划方法。

动态障碍物存在的环境下，由于全局方法的不足，通常采用局部避障规划方法进行实时的动态避障。当移动机器人获取的环境模型未知或部分未知的条件下，即可采用局部避障规划方法，如前面提到的人工势场法或栅格法等。

局部避障规划方法属于一种基于传感器实时信息避障方法。移动机器人无须获取其周围环境中障碍物的绝对位置坐标信息，只需获取到障碍物相对于机器人的相对位置信息，因此使用局部方法进行避障规划的机器人通常配有一种或多种不同类型的传感器来获取其周围的障碍物距离或形状等信息，并依据获取的信息利用不同的避障策略进行避障。

人工势场法是由Khatib提出的一种虚拟力法，这种方法依据移动机器人在未知环境中的运动特点，将其虚拟成为机器人在一种由抽象的人为设定的引力场构成的环境中运动，运动的终点（目标点）在运动过程中，对机器人的运动产生虚拟的"引力"，环境中存在的障碍物则对机器人产生虚拟的"斥力"，而机器人的最终运动由吸引力与排斥力形成的合力来实现对其的运动控制。此方法的优点在于算法结构简单，利用其进行避障规划产生的路径会比较平滑，安全性可以得到保证。但人工势场法也存在以下不足：存在局部的最小值，而这种情况的出现可能导致机器人进入陷阱区的问题；不能在距离较近的障碍物之间找到可以通行的行进路径；有些情况下可能会产生机器人在障碍物前左右振荡的情形，无法继续行进；当通道狭窄时，也可能有振荡的状况出现。

栅格法避障规划的主要思想是采用矩形栅格表示实际环境中机器人周围的障碍物区域。其中，每一个栅格都具有一个累计值用来标志在该栅格所在位置存在障碍物的可能性。若移动机器人当前行进方向上设定一个n等分的半圆区域通过判断n个区间内的障碍物密度，选取障碍物密度最小的区域作为安全行进的方位，即可实现避障规划。但栅格法由于将障碍物区域分成若干栅格，因此同样需要存储环境模型中大量的栅格信息，因此运算量偏大，对计算机的硬件运行速度要求较高。

（二）避障规划中的常用传感器

传感器技术是移动机器人避障规划中的重要技术之一，对避障的最终效果有着十分重要的作用。目前，各种不同类型的距离和障碍物检测传感器在移动机器人避障及路径规划领域得到了广泛的应用。避障规划中常用的传感器有如下几种。

1. 激光雷达传感器

激光雷达是以发射激光束探测目标的位置、速度等特征量的雷达系统。从工作原理上讲，与微波雷达没有根本的区别：向目标发射探测信号（激光束），然后将接收到的从目标反射回来的信号（目标回波）与发射信号进行比较，作适当处理后，就可获得目标的有关信息，如目标距离、方位、高度、速度、姿态、甚至形状等参数，从而对飞机、导弹等目标进行探测、跟踪和识别。工作在红外和可见光波段的，以激光为工作光束的雷达称为激光雷达。它由激光发射机、光学接收机、转台和信息处理系统等组成，激光器将电脉冲变成光脉冲发射出去，光接收机再把从目标反射回来的光脉冲还原成电脉冲，送到显示器。

激光雷达避障的优点如下。

（1）分辨率高。激光雷达可以获得极高的角度、距离和速度分辨率。通常角分辨率不低于0.1mard也就是说可以分辨3km距离上相距0.3m的两个目标（这是微波雷达无论如何也办不到的），并可同时跟踪多个目标；距离分辨率可达0.1m；速度分辨率能达到10m/s以内。距离和速度分辨率高，意味着可以利用距离—多普勒成像技术来获得目标的清晰图像。分辨率高是激光雷达的最显著的优点，其多数应用都是基于此。

（2）隐蔽性好、抗有源干扰能力强。激光直线传播、方向性好、光束非常窄，只有在其传播路径上才能接收到，因此敌方截获非常困难，且激光雷达的发射系统（发射望远镜）口径很小，可接收区域窄，有意发射的激光干扰信号进入接收机的概率极低。另外，与微波雷达易受自然界广泛存在的电磁波影响的情况不同，自然界中能对激光雷达起干扰作用的信号源不多，因此激光雷达抗有源干扰的能力很强，适于工作在日益复杂和激烈的信息战环境中。

（3）低空探测性能好。微波雷达由于存在各种地物回波的影响，低空存在有一定区域的盲区（无法探测的区域）。而对于激光雷达来说，只有被照射的目标才会产生反射，完全不存在地物回波的影响，因此可以"零高度"工作，低空探测性能较微波雷达强了许多。

（4）体积小、质量轻。通常普通微波雷达的体积庞大，整套系统质量数以吨记，光天线口径就达几米甚至几十米。而激光雷达就要轻便、灵巧得多，发射望远镜的口径一般只有厘米级，整套系统的质量最小的只有几十千克，架设、拆收都很简便，而且激光雷达的结构相对简单，维修方便，操纵容易，价格也较低。

激光雷达避障的缺点如下。

（1）工作时受天气和大气影响大。激光一般在晴朗的天气里衰减较小，传播距离较远。而在大雨、浓烟、浓雾等坏天气里，衰减急剧加大，传播距离大受影响。如工作波长为10.6μm激光，是所有激光中大气传输性能较好的，在坏天气的衰减是晴天的6倍。地面或低空使用的激光雷达的作用距离，晴天为10～20km，而坏天气则降至1km以内。而且，大气环流还会使激光光束发生畸变、抖动，直接影响激光雷达的测量精度。

（2）由于激光雷达的波束极窄，在空间搜索目标非常困难，直接影响对非合作目标的截获概率和探测效率，只能在较小的范围内搜索、捕获目标，因而激光雷达较少单独直接应用于战场进行目标探测和搜索。

激光雷达作为自动驾驶和机器人等领域中的重要传感器，一直扮演着"眼睛"的角色，360°扫描周围环境，构建厘米级别高精度地图，基于TOF（飞行时间）原理，主要用于实现稳定、精准、高频的距离测量功能。

激光测距传感器的激光波束很窄，因此具有良好的方向性，对于避障规划应用来说，能够精确地检测到障碍物的准确距离和位置，可以近似认为是理想的直线。但由于激光测距技术相对复杂，同时激光测距传感器的造价相对较高，一般只提供某一高度的障碍物信息，并且存在对透明障碍物不能感知等不足。

2. 超声波传感器

超声波其实就是声波的一种，因为频率高于20kHz，所以人耳听不见，并且指向性更强。一个比较形象的比喻就是蝙蝠。这种飞行类哺乳动物，通过口腔中喉部的特殊构造来发出超声波，当超声波遇到猎物或者障碍的时候就会反射回来，蝙蝠可以用特殊的听觉系统来接收反射回来的信号，从而探测目标的距离，确定飞行路线。超声波传感器是使用电介质，利用压电效应产生超声波，用来测量有无物体或者测定距离的传感器。超声波传感器进行距离的测量时，分为振荡和接收两个部分。振荡部分用于产生和发射超声波，接收部分用于接收超声波，利用发送部分的振荡时间与接收部分的接收时间差来测定距离。首先，超声波传感器会发射一组高频声波，当声波遇到物体后，就会被弹回并被接收。假设声波从发射到返回被接收的时间为 t，声波在介质中的传播速度为 v（在空气中的传播速度为340m/s），就可以获得物体相对于传感器的距离 S，即 $S=vt/2$。

超声波是最简单的测距系统，绝大部分生活中遇到的测距系统都是使用的这种技术，最常见的就是汽车的倒车雷达。在移动平台上加装定向的超声波发射和接收器，然后将其接入控制系统即可。

超声波传感器优点如下。

（1）超声波不受光线强弱变化的影响，能在各种光强条件下实现对障碍物距离的检测。

（2）利用多超声波传感器进行避障规划实现方便，安装简单，造价低，技术相对成熟，基于超声波传感器成为移动机器人实现避障规划常用的传感器。

超声波传感器缺点如下。

（1）超声波在机器人避障系统的应用中也有比较明显的干扰问题。虽然超声波避障系统不会受到光线、粉尘、烟雾的干扰，但在部分场景下也会受到声波的干扰。

（2）如果物体表面反射超声波的能力不足，避障系统的有效距离就会降低，安全隐患会显著提高。一般来说，超声波的有效距离是5m，对应的反射物体材质是水泥地板，如果材质不是平面光滑的固体物，比如地毯，那么超声波的反射和接收就会出问题。

（3）存在探测盲区、测量精度相对较低等，超声波测距在某种条件下还有可能产生所谓的反射幻影现象，进而导致移动机器人不能获取到正确的障碍物距离数据，可能引起避障的错误，甚至发生与障碍物的碰撞。

（4）由于自主机器人在机械结构上大多采用两轮驱动或四轮驱动形式，在狭窄区域避障过程中有转弯半径大，无法实现位姿的及时调整以回避障碍物的现象。

3. 视觉传感器

视觉传感器的优点是探测的范围广，能提供二维或三维的立体障碍物信息，数据中包含的障碍物信息量大，并且能较为直观地反映障碍物细节。当移动机器人用于未知环境探索、地图创建以及导航定位时，视觉传感器应用较多。但在对获取的图像进行边缘锐化或特征提取等图像处理算法时，运算工作量大，因此导致使用过程中存在实时性较差的问题，处理器的图形图像处理能力必须较强，因此在机器人中使用实时性不能满足实际需求。视觉类的传感器获取图像时，对光线的依赖性较大，不能检测透明的障碍物且不能直接检测出障碍物与机器人之间的距离。

4. 红外传感器

红外传感器的测距介质是一种具有定向传播能力和反射能力的红外光波。其工作原理类似于超声波传感器，工作时将测距过程分为光波发射和接收两种不同的状态。由于红外传感器存在不受可见光影响的特点，因此在白天或夜晚均可使用其进行测距；同时红外传感器结构简单，价格便宜，测距时间短，但对物体的颜色、温度、周围非可见光线等相对较为敏感，容易产生测量误差，因此测量精度不高。

实际应用中，如果仅使用一种避障传感器，是无法在一些复杂场所胜任避障工作的，必须为机器人合理配备不同的传感器作为补充。

四、路径规划

路径规划是移动机器人导航最基本的环节，指的是机器人在有障碍物的工作环境中，依据一定的性能指标（行走路径最短、规划时间最短及能耗最少等），在模型空间中找到一条从起始位置到目标位置的安全无碰撞的最优或次优路径。这不同于用动态规划等方法求得的最短路径，而是指移动机器人能对静态及动态环境作出综合性判断，进行智能决策。总的来说，路径规划主要涉及明确起点位置及终点、规避障碍物、路径优化这三大问题。

根据对环境信息的掌握程度不同，机器人路径规划可分为全局路径规划和局部路径规划。全局路径规划是在已知的环境中，给机器人规划一条路径，路径规划的精度取决于环境获取的准确度，全局路径规划可以找到最优解，但是需要预先知道环境的准确信息，当环境发生变化，如出现未知障碍物时，该方法就无能为力了。它是一种事前规划，因此对机器人系统的实时计算能力要求不高，虽然规划结果是全局的、较优的，但是对环境模型的错误及噪声鲁棒性差。而局部路径规划则环境信息完全未知或有部分可知，侧重于考虑机器人当前的局部环境信息，让机器人具有良好的避障能力，通过传感器对机器人的工作环境进行探测，以获取障碍物的位置和几何性质等信息，这种规划需要搜集环境数据，并且对该环境模型的动态更新能够随时进行校正，局部规划方法将对环境的建模与搜索融为一体，要求机器人系统具有高速的信息处理能力和计算能力，对环境误差和噪声有较高的鲁棒性，能对规划结果进行实时反馈和校正，但是由于缺乏全局环境信息，所以规划结果有可能不是最优的，甚至可能找不到正确路径或完整路径。

全局路径规划和局部路径规划并没有本质上的区别，很多适用于全局路径规划的方法经过改进也可以用于局部路径规划，而适用于局部路径规划的方法同样经过改进后可适用于全局路径规划。两者协同工作，机器人可更好地规划从起始点到终点的行走路径。

（一）全局路径规划算法

1. 拓扑法

拓扑法的基本思想是根据障碍物和环境的几何特性，将其组成的空间划分成一些具有拓扑性质的子区域，根据子区域之间的连通性建立拓扑网络，在拓扑网络的基础上计算出一条由起点到终点的拓扑路径。该方法的优点是，针对一个环境只需要建立一次拓扑网络结构，在实际中能够提高效率；缺点是，对于动态障碍物的情况，需要进行拓扑网络的修改，比较耗时和麻烦。

2. 可视图法

此方法于1968年由Nilsson提出，基本思想是忽略移动机器人实际的尺寸大小将机器人看成一个点。其优点是简单易行并且能找到可行的最短路径；缺点是灵活性较差且忽略了机器人实际的尺寸大小，可能会导致机器人与障碍物发生碰撞。

3. 自由空间法

该方法利用提前定义的基本图形（如凸多边形、广义的锥形等）来构建自由空间，并将其表示成一个连通图，对连通图进行搜索来完成路径规划。该方法的目标点位置和起点位置发生改变时，不会造成空间连通图的重新构建，具有一定的灵活性；缺点是并非任何情况下都可以获取到自由空间内的最短路径。

4. 栅格法

栅格法是Howden于1968年提出，在移动机器人的路径规划方法中使用较为广泛。该方法的工作原理是对移动机器人的工作环境进行栅格空间的划分，从移动机器人行走的安全考虑，栅格划分的大小一般多以机器人的自身尺寸大小为准，且障碍物的形态和位置在移动机器人行驶中是不变的。栅格法的优点主要体现在，无须知道障碍物的大小和形状，算法实现简单，且只要起点和终点之间有路径存在，栅格法一定可以找到。栅格法的缺点是，当栅格的划分过大，会导致环境的分辨率降低，路径规划能力减弱；当栅格的划分比较小的时候，环境信息的分辨率变高，但是会导致路径规划花费的时间变长。

除此之外，全局路径规划算法还包括枚举法、A*算法、随机搜索法等。

（二）局部路径规划算法

1. A*算法

（1）简介。A*（A-Star）算法是由Hart和Nilsson在1968年提出的一种启发式搜索算法，最早应用于解决各种数学问题，它的核心是对目标点进行不断搜寻，从而取得机器人的避障路径。通过对状态空间中搜索点进行评价，取得最佳节点，然后依据此位置节点继续进行搜寻，一直到找到目标点为止。A*算法是一种静态路网中求解最短路径最有效的直接搜索方法，也是解决许多搜索问题的有效算法。算法中的距离估算值与实际值越接近，最终搜索速度越快。

（2）算法描述。A*算法是目前移动机器人领域运用范围最广的路径规划算法，A*算法是在Dijkstra算法的基础上提出的，引入了启发式函数和估计代价，提升了算法的效率。

A*算法的估计函数为：

$$f(x, y) = g(x, y) + h(x, y)$$

式中，$f(x, y)$是机器人所在节点的评价函数，第一部分是起始节点到当前节点的成本函数$g(x, y)$，第二部分是当前节点到目标节点的估计代价$h(x, y)$。

A*算法寻路过程中有2个列表，open列表和close列表，寻路的流程如下。

①初始化open列表和close列表，确保close列表为空，然后将起点放入open列表。

②判断open列表是不是空列表，若是空列表，则寻路失败，若存在目标节点，则寻路成功。

③选取open列表中f值最小的节点作为父节点，然后放入close列表，将当前节点可到达的节点放入open列表中，计算当前节点每一个可到达节点的f值，将f值最低的节点作为新的拓展节点。

④跳到操作②，直到找到终点。

A*算法作为传统的启发式算法，由尼尔森提出，广泛地应用于机器人导航领域。A*算法在启发函数的引导下可以减少搜索空间，快速搜索路径，避免了BFS、Dijkstra算法的盲目性，缺点是在对较大场景进行路径规划时，A*算法由于搜索策略的问题，很多节点被重复地访问和维护，导致规划的路径存在过多的冗余点和拐点，机器人寻找路径的效率不高，最终路径也存在过多折角，并不平滑。

（3）算法改进。A*算法的改进主要分为两方面，一方面是减少寻路时间，如同步双向A*算法在路径的起点和目标点同时运行A*算法，缺陷是受地图环境影响大，寻路时间和生成路径可能更差；另一方面是优化生成路径，主要通过增加搜索矩阵的搜索方向来实现，如双向时效A*算法，缺陷是增加了寻路时间。实际应用中，可以通过改进评价函数计算方式、改进评价函数权重比例、改进路径生成策略及障碍物扩展策略等方法进行改进。

王中玉等针对传统A*算法规划的路径存在很多冗余点和拐点的问题，提出了一种基于A*算法改进的高效路径规划算法，首先，改进评价函数的具体计算方式，减小算法搜索每个区间的计算量，从而降低寻路时间，并改变生成路径；其次，在改进评价函数具体计算方式的基础上，改进评价函数的权重比例，减少生成路径中的冗余点和拐点；最后，改进路径生成策略，删除生成路径中的无用点，从而提高路径的平滑性；此外，考虑到机器人的实际宽度，改进后算法引入障碍物扩展策略保证规划路径的可行性。将改进A*算法与3种算法进行仿真对比，试验结果表明，改进后的A*算法规划的路径更加合理，寻路时间更短，平滑性更高。

王维等针对复杂室内环境下移动机器人路径规划存在实时性差的问题，通过对Dijkstra算法、传统A*算法以及一些改进的A*算法的分析比较，提出了对A*算法的进一步改进的思路。首先对当前节点及其父节点的估计路径代价进行指数衰减的方式加权，使得A*算法在离目标点较远时能够很快地向目标点靠近，在距目标点较近时能够局部细致搜索保证目标点附近障碍物较多时目标可达；然后对生成的路径进行5次多项式平滑处理，使得路径进一步缩短且便于机器人控制。仿真结果表明，改进算法较传统A*算法时间减少93.8%，路径长度缩短17.6%，无90°转折点，使得机器人可以连续不停顿地跟踪所规划路径到达目标。在不同的场景下，对所提算法进行验证，结果表明所提算法能够适应不同的环境且有很好的实时性。

陆皖麟等针对移动机器人路径规划中的A*算法存在折点多，路径不光滑且搜索栅格点过多等问题，提出了改进的A*算法。在openlist添加阈值N，若搜索次数大于N且最先插入的节点未扩展，将此节点设为最高级优先扩展，减少了搜索栅格点的数量；使用基于Floyd算法和A*算法结合的路径规划去除多余节点，降低了折点尖锐程度；对路径进行几何优化处理，得到光滑路径。仿真结果表明，该算法可以有效地减少路径长度并使路径更加光滑，更适合机器人导航。

2. 蚁群算法

（1）简介。蚁群算法（Ant Colony Optimization，ACO），又称蚂蚁算法，是一种用来在图中寻找优化路径的几率型算法。它由Marco Dorigo于1992年在他的博士论文中提出，其灵感来源于蚂蚁在寻找食物过程中发现路径的行为。蚁群算法是一种模拟进化算法，初步的研究表明该算法具有许多优良的性质。针对PID控制器参数优化设计问题，将蚁群算法设计的结果与遗传算法设计的结果进行了比较，数值仿真结果表明，蚁群算法具有一种新的模拟进化优化方法的有效性和应用价值。

（2）算法描述。蚁群算法用于机器人路径规划时主要由初始化、解构建和信息素更新3部分组成。

Step1：初始化。包括信息素初始化，启发信息初始化，以及种群规模、信息素挥发率等参数初值的设置。

Step2：解构建。解构建是蚁群算法迭代运行的基础，是算法最关键的环节，主要内容是在问题空间依据状态转移规则如何构建候选解。当用于路径规划时，解构建主要是根据状态转移规则选择下一路径点，最终形成完整路径。

Step3：信息素更新。解构建完成后需要进行信息素更新，信息素更新包括两个环节。

①信息素挥发，用于降低路径上的信息素，减小信息素对未来蚂蚁行为的影响，增加算法的探索能力。

②信息素释放，蚂蚁在其所经过的路径上释放信息素，加强对蚂蚁未来选择该路径的影响，增强算法的开发能力。

Step4：重复Step2和Step3，直到满足终止条件。

蚂蚁系统对所有的路径都进行信息素更新，既具有较好的优化能力，又能保持良好的种群多样性，但是由于缺乏对最优路径的开发，降低了算法的收敛速度。蚁群算法在机器人路径规划领域得到了广泛的应用，但是存在收敛速度慢、易陷入局部最优、早熟收敛等问题。

（3）算法改进。

①蚁群算法的结构改进。针对基本蚁群算法存在的问题，许多学者在从算法框架和结构上提出了许多富有成效的改进措施，如Ant Colony System（蚁群系统，简称ACS）、Max-Min Ant System（最大最小蚂蚁系统，简称MMAS），Ant System with elitist strategy（带精英策略的蚂蚁系统，简称ASelite）、Ant system with elitist strategy and ranking（基于排序的蚂蚁系统，简称ASrank）等经典改进算法，这些改进算法有效地提升了优化能力，但是采用一种固定模式去更新信息素和概率转移规则，缺乏灵活性，未能解决算法的早熟收敛问题。除此之外，针对具体应用场合，许多学者借鉴已有改进策略提出了许多新的改进方法。陈雄等在蚁群算法中引入信息素限定措施，并提出了自适应信息素挥发系数的方法来解决蚁群算法中的停滞现象，显著提高了算法的搜索能力。Dorigo等提出了元启发式蚁群优化算法（Ant Colony Optimization Meta Heuristic，简称ACO-MH），为求解复杂问题提供了通用算法框架。为了解决ASelite算法易陷入局部最优解的缺陷，将ASelite算法与插入、交换算子融合，提出混合精英蚂蚁系统HEAS（Hybrid Elite Ant System），在增强最优路径信息素的同时，还减少最差路径上的信息素，既实现了较好的寻优效果，又能有效地逃离局部最优。

在基本蚁群算法中引入精英蚂蚁策略和最大最小蚂蚁机制，更新精英蚂蚁的信息素，在寻优能力和收敛速度之间保持了较好的平衡。在蚁群算法中加入回退和死亡策略，增加蚂蚁到达目标位置的概率，减小无效蚂蚁对信息素的影响，提高了算法的优化能力。Ant-Q算法，采用伪随机比例状态转移规则构造候选解，在进行全局信息素更新中强化精英蚂蚁对信息素的影响，加快算法的收敛。针对多无人机协调轨迹规划提出了一种新的最大-最小自适应蚁群优化方法，设置最小信息素和最大信息素路径，并成功地用于多无人机协调轨迹重规划。上述措施主要是针对基本蚁群算法的结构改进，有效增强算法的寻优能力，加快收敛速度，避免早熟收敛。从本质上来说，加大迭代过程中最优解的利用、弱化最差解的影响，能显著改善算法的收敛情况，但是也带来局部最优问题。为此，算法改进时还应考虑局部最优问题，常见解决方法包括限定信息素的范围、改进信息素更新、改变状态转移规则及加入扰动项等。算法结构的改进有助于深入理解蚁群算法的运行机制，为进一步的改进优化提供理论基础，但是已有模型的普适性并不强，需针对具体应用去改进算法结构。

②蚁群算法的参数优化。算法参数对蚁群算法的寻优性能具有重要的影响，由于蚁群算法参数多且参数之间存在紧密的耦合作用，确定最优的算法参数成为一个极其复杂的问题。虽然有文献给出参数选取和优化方法，但是大多是依经验而定，缺乏理论依据。Duan等分析了蚁群算法各个参数对优化性能的影响，通过试验得出各个参数的最优取值范围，给出了参数设置的3步优化方案。为了避免陷入局部最优，Jiao等提出一种用于路径规划的多态蚁群优化算法，采用自适应状态转移策略和自适应信息素更新策略，确保信息素强度与启发信息在算法迭代过程中的相对重要性。江明等按照设定的参数变化规律自适应调整信息素挥发系数来提高算法的全局寻优能力，避免算法陷入局部最优。Sahu等提出一种自适应蚁群优化算法用于机器人的路径规划，在计算信息素增量时考虑每只蚂蚁走过的路径长度与所用时间，在最优路径与规划时间之间做到均衡。针对相邻栅格的启发权值差异不明显导致搜索效率较低的问题，Akka等改进了状态转移公式，优先选择具有更多出口的邻节点作为下一节点，增强了种群的多样性，避免算法过早收敛。卜新苹等以非均匀环境模型为基础，在状态转移规则中引入目标距离和障碍物距离等启发式信息，提出一种距离启发搜索和信息素混合更新的蚁群算法，使得算法具有较好的适应性和更快的收敛速度。刘振等提出一种多粒度蚁群算法，对每个蚂蚁都设置不同的窗口宽度，并根据寻优情况自适应改变蚁群规模，所提算法应用于UAV的多机协同路径规划，能有效规避突发威胁，提高规划效率。

上述研究通常是根据蚁群算法的优化特征进行参数优化，这些改进策略将算法参数由固定不变模式改为动态调整模式，用较小的计算负担提高算法的优化性能，降低算法对参数的敏感性，但是这些动态调整通常是人为设定的参数变化规律或者引入新的参数来划分不同的运行过程，然而算法的迭代优化过程与设定的参数变化规律是否相吻合并没有得到保证，使得这类改进缺乏适应性。也有学者通过改进状态转移规则，在保持种群多样性基础上加快算法的收敛速度。

③信息素初始化方法的改进。传统蚁群算法均匀初始化信息素值，该方法简单易行，但在算法初期存在搜索的盲目性，用于路径规划时容易出现死锁现象，影响算法的收敛速度与优化能力。为解决这一问题，许多学者采用不均匀分配初始信息素的方式，加强先验路径信息指导全局寻找最优路径能力。不均匀分配初始信息素的方法可以分为两类。

一类是根据任务和最优路径的特征进行信息素初始化。王晓燕等根据零点定理提出不均衡分配初始信息素的方法，不同位置的栅格赋予不同的初始信息素，降低蚁群搜索的盲目性，提高算法的搜索效率，然而该方法将起点与终点组成的矩形区域作为有利区域，区域内的信息素依然相同，改进效果有限，也不适用于复杂地图。李龙澍等在已经明确起点和终点相对位置的情况下，依据起点与终点之间的方向，对每条路径上的初始信息素进行区分优化，越朝向终点位置的地方初始信息素浓度越高，引导蚂蚁朝着正确的大方向行进，缩减搜索初期的时间消耗。

另一类是其他优化算法得到的初始路径作为信息素初值的参考。王芳等将人工势场法的规划结果作为先验知识，对蚁群初始到达的栅格进行邻域信息素的初始化，并通过构建势场导向权改变蚂蚁概率转移函数，提高了路径搜索效率。罗德林等利用机器人受到的虚拟人工势场力及机器人与目标之间的距离构造机器人避障和移动的综合启发信息，将蚁群算法和人工势场法进行有效的结合，提高了常规蚁群算法对最优路径的搜索效率。上述两类信息素初始化改进方法有效地减少算法初期由于盲目搜索导致的路径交叉、效率低下等问题。基于任务和最优路径特征的改进方法，计算量小，缩减搜索初期的时间消耗，但是其适应性依赖于环境的特征及任务要求，当环境比较复杂时，其效果并不明显。第二种改进措施能有效改善信息素的初始分布，但是需要消耗一定的预处理时间进行初始路径规划，并不适用于实时应用场合。此外，上述两类改进策略能改变信息素初值的分布，尤其是倾向于最优路径的不均匀分布，虽然加快了算法的收敛速度，但是在正反馈的作用下会使蚁群算法更容易陷入局部最优，同时降低了种群的多样性，不利于得到全局最优解。

④更新规则的改进。信息素更新是蚁群算法最重要的一个环节，包括全局信息素更新和局部信息素更新。这两种更新都包括信息素挥发和信息素增强。信息素挥发有助于探索问题空间的未知区域，降低陷入局部最优的概率。信息素增强主要是强化蚂蚁所经过路径上的信息素值，增大对后续蚂蚁的吸引力。信息素增强需要考虑对哪些路径进行信息素增强，是全部路径，还是最优路径或次优路径等。柳长安等参考狼群分配原则对信息素进行更新，增大局部最优路径的信息素量，同时去除局部最差路径

上蚂蚁释放的信息素，避免算法陷入局部最优，但是该方法缩小了算法的搜索空间，影响了算法的探索能力。针对蚁群算法中蚂蚁之间协作不足的问题，黄国锐等通过建立信息素扩散模型，提出一种基于信息素扩散的蚁群算法，使相距较近的蚂蚁个体之间能更好地进行协作，有效提高算法的收敛速度和寻优能力。赵娟平等用差分演化算法进行信息素的更新，同时在信息素更新环节加入了混沌扰动因子以增强算法的随机性能，使其有效跳出局部最优点和避免算法停滞。曾明如等提出一种自动调整步长参数的多步长蚁群算法，根据多步长蚁群算法的特点，设计了局部信息素更新策略对路径节点之间的栅格节点进行信息素更新，使得改进算法更高效，提高了机器人的路径规划性能。顾军华等提出了一种多步长改进蚁群算法，在状态转移概率规则中加入拐点参数，改善了路径的平滑度，设计了新的信息素奖惩机制，有效地避免局部最优，提高算法的收敛速度。陈超等改进蚁群算法的启发函数和信息素更新方式来提高三维场景下移动机器人路径规划的实时性。前述改进措施通常将蚂蚁的移动步长局限于单个栅格，规划的路径较长、平滑性较差等。采用多步长或者可视范围内自由步长的蚁群算法，这类方法能提高路径的平滑度，进一步减小路径长度，但是信息素更新规则需要进一步展开研究，同时还引入了新的碰撞判断问题。

3. 粒子群算法

（1）简介。粒子群算法，也称粒子群优化算法或鸟群觅食算法（Particle Swarm Optimization，PSO），是近年来由Kennedy和Eberhart等开发的一种新的进化算法。PSO算法属于进化算法的一种，它是从随机解出发，通过迭代寻找最优解，通过适应度来评价解的品质，但它比遗传算法规则更为简单，它没有遗传算法的"交叉"（Crossover）和"变异"（Mutation）操作，它通过追随当前搜索到的最优值来寻找全局最优。这种算法以其实现容易、精度高、收敛快等优点引起了学术界的重视，并且在解决实际问题中展示了其优越性。粒子群算法是一种并行算法。

（2）算法描述。PSO算法的基本行为规则是：一是向背离最近的同伴的方向运动；二是向目的地运动；三是向群的中心运动。

Kennedy和Eberhart受到这个模型的启发，将这个模型中的栖息地类比与所求解空间中的可能解的位置，通过个体间信息的传递，引导整个群体向可能解的方向移动，增加发现较好解的可能性。群体中的鸟被抽象为一个个没有质量没有形状的"粒子"，通过这些"粒子"的相互协作和信息共享，在复杂解空间寻找最好解。

混合PSO算法基于当前位置的适应值计算每个个体，并将这些适应值进行排序，然后将群体中一半适应值差的个体的当前位置和速度替换为另一半好的个体的当前位置和速度，并保留每个个体的最后位置（pbest）。因此，群体搜索集中到相对较优的空间，但还受到个体自身以前最好位置的影响。

混合PSO算法的流程如下：一是初始化所有粒子；二是评价每个粒子的适应值；

三是使用适应值对粒子进行选择；四是调整粒子的搜索位置，粒子从新的位置开始搜索；五是检查终止条件。如果达到最大迭代次数或者最好解停滞不再变化，就终止迭代；否则回到步骤二。

（3）算法改进。标准PSO算法具有易于实现、参数较少等优点，但是基本PSO算法存在早熟和局部收敛，后期算法多样性降低，算法精度得不到提升等问题，为此国内外相关学者做了大量研究，并提出了各种改进算法。赵甜甜引入细菌觅食优化算法和PSO算法结合，缩短了搜索时间，减少了迭代次数。贾会群等引入鸡群算法的母鸡更新方程和小鸡更新方程对搜索停滞的粒子进行扰动，使粒子向全局最优解靠近。蒲兴成等将反向策略引入PSO算法，提高了粒子群算法的寻优能力和稳定性。马烨等针对传统粒子群算法在移动机器人路径规划过程中早熟引起的局部最优问题，将运动过程预测思想集成到粒子群优化算法中，构造神经过程粒子群混合算法。主要思路是在粒子群个体进行下一次迭代时，利用神经过程预测个体位置，增加了迭代后期粒子群体的多样性，避免过早陷入局部最优，从而提高算法优化能力。试验结果显示，改进算法用于解决机器人路径规划问题，整体性能优于传统的粒子群优化算法。因此，制定有效的机制使粒子逃离局部最小值并提高收敛精度是提高粒子群算法性能的关键。

除此之外，还有人工势场法、神经网络、遗传算法、模糊逻辑等常见的局部路径规划算法，这里不做一一介绍。

五、惯性导航

上述导航系统定位、避障路径规划过程中都需要依赖外部环境信息，还有一种导航不需要依赖于外部信息、也不向外部辐射能量的自主式导航系统，即惯性导航系统（INS）。惯导的基本工作原理是以牛顿力学定律为基础，利用惯性敏感器件、基准方向及最初的位置信息来确定运载体在惯性空间中的位置、方向和速度，将它对时间进行积分，且把它变换到导航坐标系中，就能够得到在导航坐标系中的速度、偏航角和位置等信息。惯性导航系统属于推算导航方式，即从一已知点的位置根据连续测得的运动体航向角和速度推算出其下一点的位置，因而可连续测出运动体的当前位置。惯性导航系统中的陀螺仪用来形成一个导航坐标系，使加速度计的测量轴稳定在该坐标系中，并给出航向和姿态角；加速度计用来测量运动体的加速度，经过对时间的一次积分得到速度，速度再经过对时间的一次积分即可得到距离。

惯性导航包括惯性测量单元（Inertial Measurement Unit，IMU）和计算单元两大部分。通过IMU感知物体方向、姿态等变化信息，再经过各种转换、补偿计算得到更准确的信息。比如检测物体的初始位置、初始朝向、初始姿态以及接下来每一刻朝向、角度的改变，然后把这些信息加一起不停地推，推算出物体现在的朝向和位置。

IMU主要由加速度计和陀螺仪组成，可实时检测物体的重心方向、俯仰角、偏航角等信息，如果还加上电子罗盘和气压计等传感器，那IMU的测量信息量与精度也相应地能得到一定的提高。而计算单元则主要由姿态解算单元、积分单元和误差补偿单元3部分组成。

（一）惯性导航工作原理

从过去自身的运动轨迹推算出自己目前的方位。其工作技术原理不外乎就是以下3个基本公式：

$$距离=速度 \times 时间$$

$$速度=加速度 \times 时间$$

$$角度=角速度 \times 时间$$

首先，检测（或设定好）初始信息，包括初始位置、初始朝向、初始姿态等。

然后，用IMU时刻检测物体运动的变化信息。其中，加速度计测量加速度，利用原理$a=F/M$，测量物体的线加速度，然后乘以时间得到速度，再乘以时间就得到位移，从而确定物体的位置；而陀螺仪则测量物体的角速率，以物体的初始方位作为初始条件，对角速率进行积分，进而时刻得到物体当前方向；还有电子罗盘，能在水平位置确认物体朝向。这3个传感器可相互校正，得到较为准确的姿态参数。

最后，通过计算单元实现姿态解、加速度积分、位置计算以及误差补偿，最终得到准确的导航信息。

（二）惯性导航的分类

从结构上分，惯导可分平台式惯导系统和捷联式惯导系统两大类。

平台式惯性导航系统有实体的物理平台，陀螺和加速度计置于由陀螺稳定的平台上，该平台跟踪导航坐标系，以实现速度和位置解算，姿态数据直接取自平台的环架。由于平台式惯导系统框架能隔离运动载体的角振动，仪表工作条件较好，原始测量值采集精确，并且平台能直接建立导航坐标系，计算量小，容易补偿和修正仪表的输出，但是其结构比较复杂，体积大，成本高且可靠性差。

捷联式惯性导航系统没有实体的物理平台，把陀螺和加速度计直接固定安装在运动载体上，实质上是通过陀螺仪计算出一个虚拟的惯性平台，然后把加速度计测量结果旋转到这个虚拟平台上，再解算导航参数。捷联式惯性导航系统结构简单、体积小、维护方便，但陀螺仪和加速度计工作条件不佳，采集到的元器件原始测量值精度低。同时，捷联惯导的加速度计输出的是载体坐标系的加速度分量，需要经计算机转换成导航坐标系的加速度分量，计算量较大，且容易产生导航解算的校正、起始及排列转换的额外误差。总体来说，捷联惯导精度较平台惯导低，但可靠性好、更易实现、成本低，是目前民用惯导的主流技术。

（三）惯性导航的优点

（1）完全依靠运动载体自主地完成导航任务，不依赖于任何外部信息，也不向外部辐射能量的自主式系统，也不受外界电磁干扰的影响，具备极高的抗干扰性和隐蔽性。

（2）不受气象条件限制，可全天候、全天时、全地理的工作。惯导系统不需要特定的时间或者地理因素，随时随地都可以运行。

（3）提供的参数多，比如GPS卫星导航，只能给出位置、方向、速度信息，但是惯导同时还能提供位置、速度、航向和姿态角数据，所产生的导航信息连续性好而且噪声低。

（4）导航信息更新速率高，短期精度和稳定性好。目前常见的GPS更新速率为每秒1次，但是惯导可以达到每秒几百次更新甚至更高。

（四）惯性导航的缺点

（1）导航误差随时间发散，由于导航信息经过积分运算产生，定位误差会随时间推移而增大，长期积累会导致精度差。

（2）每次使用之前需较长的初始对准时间。惯性导航需要初始对准，且对准复杂、对准时间较长。

（3）精准的惯导系统价格昂贵，通常造价在几十万元到几百万元。

（4）不能给出时间信息。

（五）惯性导航主要应用

惯性导航产业最早起步于军用，如航天、航空、制导武器、舰船、战机等领域，随着电子技术的发展和商业价值的挖掘，惯性导航技术的应用扩展到车辆导航、轨道交通、隧道、消防定位、室内定位等民用领域，甚至在无人机、自动驾驶、便携式定位终端（如智能手机、儿童/老人定位追踪器等）中也被广泛应用。

惯导系统为运动载体提供位置、速度、姿态（航向角、俯仰角、横滚角）等信息，不同应用领域对惯性元器件性能和惯导精度的要求各不相同。

从精度方面来看，航空航天、轨道交通领域对即时定位精度要求高，且要求连续工作时间长；从系统寿命来看，卫星、空间站等航天器要求最高，因其发射升空后不可更换或维修；涉及军事应用等领域，对可靠性要求较高；对于民用领域，如车辆导航、室内定位、无人机、自动驾驶等应用，对惯导系统的性价比要求高。

总体来说，由于惯导系统的误差累积性和对初始校准的前提要求，一般不能单独使用，只能作为其他主定位导航技术（如GNSS定位、UWB定位、WLAN定位、地磁定位等）的辅助，比如车辆在GPS导航过程中，在失去GPS信号的情况下能够利用自带的加速度和陀螺仪进行惯性导航。因此需要结合具体行业应用需求，有针对性地对惯导元器件和导航算法进行选型。

六、控制系统

如果仅仅有感官和肌肉，人的四肢还是不能动作。一方面是因为来自感官的信号没有器官去接收和处理，另一方面也是因为没有器官发出神经信号，驱使肌肉发生收缩或舒张。同样，如果机器人只有传感器和驱动器，机械臂也不能正常工作。原因是传感器输出的信号没有起作用，驱动电动机也得不到驱动电压和电流，所以机器人需要有一个控制器，用硬件和软件组成一个控制系统。机器人控制系统的功能是接收来自传感器的检测信号，根据操作任务的要求，驱动机械臂中的各台电动机就像我们人的活动需要依赖自身的感官一样，机器人的运动控制离不开传感器。机器人需要用传感器来检测各种状态。机器人的内部传感器信号被用来反映机械臂关节的实际运动状态，机器人的外部传感器信号被用来检测工作环境的变化，所以机器人的神经与大脑组合起来才能成一个完整的机器人控制系统。控制系统是整个系统的"大脑"，负责接收信息和发送指令，控制系统通过对安装在车体上的各类传感器检测移动作业平台的实时动态信息，经过CPU处理后再向各执行机构发送指令，指挥和协调其他各系统的正常工作。

农业设施环境下移动作业平台自动导航控制包括横向控制和纵向控制两方面内容。横向控制主要是指对转向的控制；纵向控制是指对行驶速度的控制。当前，移动作业平台自动导航控制系统的研究多集中于轮式车辆路径自主追踪。现有的追踪方法主要有PID控制方法、最优控制方法、模糊控制方法、纯追踪算法等。

（一）PID控制方法

当今的闭环自动控制技术都是基于反馈的概念以减少不确定性。反馈理论的要素包括3个部分：测量、比较和执行。测量的关键是被控变量的实际值，与期望值相比较，用这个偏差来纠正系统的响应，执行调节控制。在工程实际中，应用最为广泛的调节器控制规律为比例、积分、微分控制，简称PID控制，又称PID调节。PID控制器是一个在工业控制应用中常见的反馈回路部件，由比例单元P、积分单元I和微分单元D组成。PID控制的基础是比例控制；积分控制可消除稳态误差，但可能增加超调；微分控制可加快大惯性系统响应速度以及减弱超调趋势。这个理论和应用的关键是，作出正确的测量和比较后，如何才能更好地纠正系统。PID控制器作为最早实用化的控制器已有近百年历史，现在仍然是应用最广泛的工业控制器。PID控制器简单易懂，使用中不需精确的系统模型等先决条件，因而成为应用最为广泛的控制器。

PID控制器由比例单元（P）、积分单元（I）和微分单元（D）组成。其输入e（t）与输出u（t）的关系为：

$$u(t)=kp[e(t)+1/TI\int e(t)dt+TD\times de(t)/dt]$$

式中，积分的上下限分别是0和t，因此它的传递函数为：

$$G(s)=U(s)/E(s)=kp[1+1/(TI\times s)+TD\times s]$$

其中，kp为比例系数；TI为积分时间常数；TD为微分时间常数。

PID其实就是指比例、积分、微分控制。当我们得到系统的输出后，将输出经过比例、积分、微分3种运算方式，重新叠加到输入中，从而控制系统的行为，使其能精确地到达人们指定的状态。基本形态如图2-2所示。

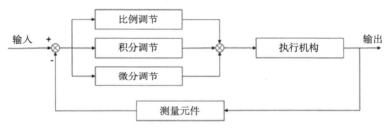

图2-2 PID原理

PID算法的核心是根据误差（目标值-测量值）通过不同的计算方式来调整我们的输入量来快速靠近目标，以下举例说明。

若想把机器人从速度0.3m/s加速到1m/s并一直保持，初始时刻通过里程计测量到电机的输出速度是0.3m/s，而目标速度是1m/s，那么初始速度和目标速度存在一个误差（Gap）=0.7（1.0-0.3），假设现在比例调节的参数K为0.6（系统预设），那么当前时刻需要电机增加的速度是：Input=Gap$\times K$=0.7$\times$0.6=0.42（m/s），然后再测量现在的电机实际运行速度，假设现在电机是以0.6的速度（理想速度应该是0.3+0.42，但是考虑有摩擦等因素）运行，那么由于现在到目标的误差Gap是0.4（1.0-0.6）了，那么下一时刻需要让电机增加的速度是：Input=0.4$\times$0.6=0.24，则理想期望速度为0.6+0.24=0.84，一直循环，这样机器人就会以变加速度的方式快速趋近于目标并保持。

1. 比例控制算法

比例控制就是对误差乘以一个固定的比例系数从而得到输出的算法，但是，单单使用比例控制存在着一些不足，如稳态误差。像上述的例子，根据K取值不同，如果环境是理想的情况下，输入是1m/s时，系统最后都会达到1m/s，不会有稳态误差。但是如果地面存在很大的摩擦力，每次输入的期望速度都是1.0，但是机器人始终都只能达到0.8，那么我们用比例控制下次还是会输入0.8+（1.0-0.8）$\times$0.6=0.92，机器人的速度永远都低于1.0，并趋于一个小于1.0的稳定值，这就产生了稳态误差。所以，单独的比例控制，在很多时候并不能满足要求。

2. 积分控制算法

如果仅仅用比例，最后速度就卡在0.9～1.0。于是，在控制中，再引入一个分量，该分量和误差的积分是正比关系。还是用上面的例子来说明，第一次的误差（Gap）是0.8，第二次的误差是0.4，因此误差的积分（离散情况下积分其实就是做累加）就是0.8+0.4=1.2，这个时候的控制量，除了比例的那一部分，还有一部分就是一个系数K_2乘以这个积分项。由于这个积分项会将前面若干次的误差进行累计，会让输入增大，从而使得目标速度可以大于这个稳定值，渐渐到达目标的1.0，这就是积分项的作用。

3. 微分控制算法

微分在离散情况下，就是Gap的差值，就是t时刻和$t-1$时刻Gap的差，即Input=$K_3 \times$[Gap（t）-Gap（$t-1$）]，其中的K_3是一个系数项。可以看到，在加速过程中，因为Gap是越来越小的，所以这个微分控制项一定是负数，在控制中加入一个负数项，就是为了防止机器人由于加速超过了目标速度，也就是越是靠近目标速度，越是应该注意控制速度，不能让超过，所以这个微分项的作用，就可以理解为刹车，当机器人离目标速度很近并且速度还很快时，这个微分项的绝对值（实际上是一个负数）就会很大，从而表示应该用力踩刹车才能让车保持恒定速度，也就是能减少控制过程中的震荡。

（二）最优控制方法

最优控制是现代控制理论的核心，它研究的主要问题是，在满足一定约束条件下，寻求最优控制策略，使得性能指标取极大值或极小值。使控制系统的性能指标实现最优化的基本条件和综合方法，可概括为对一个受控的动力学系统或运动过程，从一类允许的控制方案中找出一个最优的控制方案，使系统的运动在由某个初始状态转移到指定的目标状态的同时，其性能指标值为最优。这类问题广泛存在于技术领域或社会问题中。例如，确定一个最优控制方式使空间飞行器由一个轨道转换到另一轨道过程中燃料消耗最少。最优控制理论是20世纪50年代中期在空间技术的推动下开始形成和发展起来的。美国学者贝尔曼1957年提出的动态规划和苏联学者庞特里亚金1958年提出的极大值原理，两者的创立仅相差一年左右。对最优控制理论的形成和发展起了重要的作用。线性控制系统在二次型性能指标下的最优控制问题则是卡尔曼在20世纪60年代初提出和解决的。从数学上看，确定最优控制问题可以表述为，在运动方程和允许控制范围的约束下，对以控制函数和运动状态为变量的性能指标函数（称为泛函）求取极值（极大值或极小值）。解决最优控制问题的主要方法有古典变分法（对泛函求极值的一种数学方法）、极大值原理和动态规划。最优控制已被应用于综合和设计最速控制系统、最省燃料控制系统、最小能耗控制系统、线性调节器等。研究最优控制问题有力的数学工具是变分理论，而经典变分理论只能够解决控制无约束的问题，但是工程实践中的问题大多是控制有约束的问题，因此出现了现代变分理论。现代变分理论中最常用的有两种方法。一种是动态规划法，另一种是极小值原理。它们都能够很好地解决控制有闭集约束的变分问题。值得指出的是，动态规划法和极小值原理实质上都属于解析法。此外，变分法、线性二次型控制法也属于解决最优控制问题的解析法。最优控制问题的研究方法除了解析法外，还包括数值计算法和梯度型法。

如驾驶员驾驶拖拉机时，如图2-3所示，首先确定拖拉机在作业环境中的位置，根据经验判断怎么样操纵方向盘通过转向系统实现前轮转向；导航控制系统相当于代替驾驶员实现相同的控制过程，即根据定位系统提供定位信息确定前轮的转向角的数值，然后将转向信号传送转向系统。使用最优控制系统进行自主导航时，最优控制系统控制量为拖拉机前轮转向角，它的输出由开环控制和闭环控制两部分组成，其中开环控制部分取决于路径导航点上的转向角信息，闭环部分则由路径跟踪最优控制器对偏差量求解获得。在拖拉机智能导航控制中，由于各传感器都存在采样时间滞后的问题，因此，选择当前控制点的前方注视点作为实际参考点，与期望路径上的位置信息进行比较。

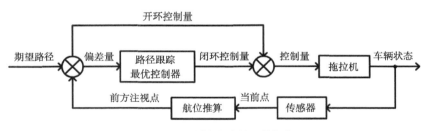

图2-3 导航最优控制系统框架

（三）模糊控制方法

利用模糊数学的基本思想和理论的控制方法。在传统的控制领域里，控制系统动态模式的精确与否是影响控制优劣的最主要关键，系统动态的信息越详细，则越能达到精确控制的目的。然而，对于复杂的系统，由于变量太多，往往难以正确的描述系统的动态，于是工程师便利用各种方法来简化系统动态，以达成控制的目的，但却不尽理想。换言之，传统的控制理论对于明确系统有强而有力的控制能力，但对于过于复杂或难以精确描述的系统，则显得无能为力。因此便尝试着以模糊数学来处理这些控制问题。"模糊"是人类感知万物，获取知识，思维推理，决策实施的重要特征。

"模糊"比"清晰"所拥有的信息容量更大，内涵更丰富，更符合客观世界。Zadeh创立的模糊数学，对不明确系统的控制有极大的贡献，自20世纪70年代以后，一些实用的模糊控制器的相继出现，使得我们在控制领域中又向前迈进了一大步。模糊逻辑控制（Fuzzy Logic Control）简称模糊控制（Fuzzy Control），是以模糊集合论、模糊语言变量和模糊逻辑推理为基础的一种计算机数字控制技术。1965年，美国的Zadeh创立了模糊集合论，1973年他给出了模糊逻辑控制的定义和相关的定理。1974年，英国的Mamdani首次根据模糊控制语句组成模糊控制器，并将它应用于锅炉和蒸汽机的控制，获得了实验室的成功。这一开拓性的工作标志着模糊控制论的诞生。模糊控制实质上是一种非线性控制，从属于智能控制的范畴。

模糊控制中的模糊其实就是不确定性，从属于该概念和不属于该概念之间没有明显的分界线，模糊的概念导致了模糊现象。模糊控制就是利用模糊数学知识模仿人脑的思维对模糊现象进行识别和判断，给出精确的控制量，利用计算机予以实现的自动控制。其基本思想是，根据操作人员的操作经验，总结出一套完整的控制规则，根据系统当前的运行状态，经过模糊推理、模糊判断等运算求出控制量，实现对被控制对象的控制。模糊控制具有不完全依赖于纯粹的数学模型，依赖的是模糊规则，模糊规则是根据大量的操作实践总结出来的一套完整的控制规则。模糊控制的对象成为黑匣，由于不知道被控对象的内部结构、机理，无法用语言去描述其运动规律，无法建立精确的数学模型，模糊规则又是模糊数学模型。

1. 模糊控制的优点

（1）在设计系统时，不需要建立被控对象的数学模型。模糊控制是利用直接对被控过程参数现状及其发展趋势观测和判断所产生的定性感觉经验来构成控制算法。因此模糊控制器的基本出发点便是对现场操作人员或者有关专家的经验、知识及操作数据加以总结和归纳，形成一定的规则参与控制过程。

（2）适用性强。研究结果表明，对于确定的过程对象，用模糊控制与用PID控制的效果相当，但对非线性不确定系统，模糊控制有较好的控制作用，同时对于非线性、噪声和纯滞后有较强的抑制能力，这方面传统控制难以实现。

（3）它对系统参数变化不敏感，即具有很强的鲁棒性。由于模糊控制采用的不是二值逻辑，而是一种连续多值逻辑，所以当系统参数变化时，能比较容易实现稳定的控制，尤其适用于复杂、非线性、时变和包含不确定性系统的控制。

（4）结构简单，系统软硬件实现都比较方便。硬件结构一般无特殊要求，在软件方面其算法也比较便捷。对于基本模糊控制器在实际运行时只需要进行简单的查表运算，其他的过程可离线进行。因此这种方法很容易被现场工程技术人员和操作者所掌握。

2.模糊控制的缺点

（1）信息简单的模糊处理将导致系统的控制精度降低和动态品质变差。

（2）模糊控制的设计尚缺乏系统性，无法定义控制目标。

20多年来，模糊控制不论在理论上还是技术上都有了长足的进步，成为自动控制领域一个非常活跃而又硕果累累的分支，应用到生产和生活的许多方面，例如在家用电器设备中有模糊洗衣机、空调、微波炉、吸尘器、照相机和摄录机等；在工业控制领域中有水净化处理、发酵过程、化学反应釜、水泥窑炉等；在专用系统和其他方面有地铁靠站停车、汽车驾驶、电梯、自动扶梯、蒸汽引擎以及机器人的模糊控制。

PID控制在工程应用领域使用最广，但其控制参数整定复杂；基于神经网络的最优控制需要大量训练样本才能保证路径追踪效果；模糊控制不依赖于车体模型，但其控制规则的制定需要专家经验，追踪误差一般较大，难以快速修正；纯追踪算法是一种几何方法，具有简单、直观、可预见等特点，但其前视距离多凭经验选取，确定合适的前视距离较为困难。在实际应用中，根据需求选择一种或多种控制方法相结合的方式。

第二节　作业装备

一、简介

智能作业装备一般由两大部分组成：一部分是移动作业平台，负责装备的自主智能移动，一部分是作业装备，即作业执行机构，负责采摘、喷药、除草等具体操作。农业作业装备是在高度非结构化的复杂环境中，作业对象是有生命力的新鲜水果或者蔬菜，其执行机构具有以下特点。

（1）作业对象娇嫩、形状复杂且个体状况之间的差异性大，需要从作业装备结构、传感器、控制系统等方面加以协调和控制。

（2）控制对象具有随机分布性，大多被树叶、树枝等掩盖，增大了作业装备视觉定位难度，使得定位速度和成功率降低，同时对作业装备的避障提出了更高的要求。

（3）作业装备工作在非结构化的环境下，环境条件随着季节、天气的变化而发生变化，环境信息完全是未知的、开放的，要求机器人在视觉、知识推理和判断等方面有着相当高的智能。

（4）作业对象是有生命的、脆弱的生物体，要求在作业过程中对作物无任何损伤，从而需要具有柔顺性和灵巧性。

由于农业作业环境的复杂性和作业目标的特殊性，作业装备的设计不仅要基于目标作物的物理特性，还要考虑到作物生物和化学特性，在操作过程保护农作物及农产品。

二、目标识别

作业装备利用视觉系统进行作业目标识别时，一般分为图像预处理、图像分割和特征提取3个步骤。

（一）图像预处理

图像预处理是将每一个图像分检出来交给识别模块识别，这一过程称为图像预处理。其主要目的是消除图像中无关的信息，恢复有用的真实信息，增强有关信息的可检测性和最大限度地简化数据，从而改进特征抽取、图像分割、匹配和识别的可靠性。图像预处理需要对图像进行平移、旋转和缩放等几何规范，使得图像识别能够快速、准确。

噪声会降低图像质量，影响特征的识别和检测，因此需要对图像进行平滑去噪处理。中值滤波和高斯滤波是计算机视觉中常用的两种经典滤波算法。同时，图像滤波的主要目的是在保持图像特征的状态下进行噪声消除，其可分为线性滤波和非线性滤波。与线性滤波相比，非线性滤波能够在去噪的同时保护图像细节，是图像滤波方法中研究的热点。非线性滤波中具有代表性的是卡尔曼滤波和粒子滤波。选择滤波算法需要考虑噪声的类型、算法特点及感兴趣特征的特点等。如在大小识别中需要整体的轮廓，并不需要保留太多的细节，但需要避免造成边缘模糊而在腐烂伤识别的过程中，由于腐烂面积本身一般比较小，需要考虑尽量保留住细节。但是为了能准确的提取出图像的特征，在进行去噪时应尽量的保留住图像的细节。灰度变换的两个主要目的是图像增强和图像分割。图像增强常用的3类基本函数是线性变换函数、对数函数和幂函数。由于随着伽马值的变化很容易得到一族可用的变化曲线，伽马变换也常常用于显示屏的校正，这是一个非常常用的变换。灰度拉伸是最基本的一种灰度变换，它可以将原来低对比度的图像拉伸为高对比度图像，与伽马变换与对数变换不同的是，灰度拉伸可以改善图像的动态范围。此外，还可以利用直方图均衡化、直方图匹配、局部直方图处理等技术改变图像灰度级的概率分布，达到增强图像对比度的目的。

（二）图像分割

基于阈值的分割是目前应用最为广泛的分割方式，根据目标与背景间较大的灰度差异，通过分析灰度直方图，得出相应的阈值将目标与背景分离。然而由于受到环境因素变化的影响，固定阈值很难满足分割的要求，于是出现了动态阈值的概念。动态阈值也叫自动阈值，它无须人工干预，算法自身根据图像空间和灰度信息得出一个阈值。常用的动态阈值方式有最大类间方差法、最佳熵阈值法和P-title法等。对彩色图像进行阈值化分割时，往往要依据目标的不同特点，对RGB、HIS、YCrCb等色彩空间的分析，选取出最利于阈值分割的通道。基于阈值的分割方法算法简单、响应速度快，比较适用于目标与背景灰度差异较大的情况。

基于边缘的分割是利用区域间交接处灰度值的不连续性来检测区域边界。该种不连续性可通过对灰度的一阶或二阶微分算子来表示。常用的一阶微分算子有Sobel算子、Roberts算子、Canny算子等。Sobel算子对于噪声有较好的平滑作用，但精度较低。Roberts算子检测精度高，但抗噪性差。Canny算子对于阶跃型边缘的检测效果较好，去噪能力强，但容易遗漏一定的边缘信息。二阶微分算子有拉普拉斯算子，它产生的是两个像素的边界，一般不直接用于边缘检测。由于单一的边缘分割方案很难解决检测精度与抗噪性之间的矛盾，所以需要通过多方案的融合才能取得较好的分割效果。

（三）特征提取

特征提取是计算机视觉和图像处理中的一个概念，它指的是使用计算机提取图像信息，决定每个图像的点是否属于一个图像特征。特征提取的结果是把图像上的点分为不同的子集，这些子集往往属于孤立的点、连续的曲线或者连续的区域。特征的好坏对泛化性能有至关重要的影响。作为机器视觉图像目标识别的一个中间节点，特征提取对目标识别的精度和速度具有重要影响。从复杂的图像信息中提取有用的特征，对实现机器视觉的目标识别起到决定性的作用。根据不同分类方法，可将图像特征分为多种类型，例如可根据区域大小分为全局特征和局部特征，根据统计特征分为轮廓特征及纹理特征等。与全局特征相比，用局部特征在复杂的背景下对图像目标进行描述较为高效，常用的检测方法有稀疏选取、密集选取和其他方法选取。从现有的研究成果来看，这3类方法都有一定的不足——对图像目标背景依赖性大，因此，采用多种描述进行机器视觉的图像目标识别是一种发展趋势。

三、空间定位

智能作业装备利用机器视觉实现对作业目标的识别和空间定位，这是农业智能作业的关键技术之一。

双目立体视觉是机器视觉的一种重要形式，它是基于视差原理并利用成像设备从不同的位置获取被测物体的两幅图像，通过计算图像对应点间的位置偏差，来获取物体三维几何信息的方法。双目立体视觉的开创性工作始于20世纪60年代中期。美国MIT的Roberts通过从数字图像中提取立方体、楔形体和棱柱体等简单规则多面体的三维结构，并对物体的形状和空间关系进行描述，把过去的简单二维图像分析推广到了复杂的三维场景，标志着立体视觉技术的诞生。

（一）工作原理

双目立体视觉技术能逼真的模仿人类的双目视觉功能，从两个不同的角度观察同一景物，通过两幅画像之间的视差获得目标物体的深度信息，从而计算出目标物的三维空间坐标，实现对目标的识别与空间定位。双目立体视觉融合两只眼睛获得的图像并观察它们之间的差别，使我们可以获得明显的深度感，建立特征间的对应关系，将同一空间物理点在不同图像中的映像点对应起来，这个差别，我们称作视差图像，双目立体视觉三维测量就是基于视差原理，如图2-4所示。

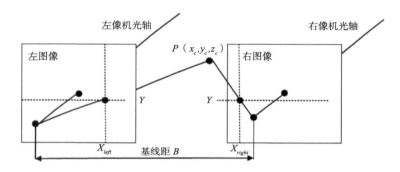

图2-4 双目立体成像原理

其中基线距B=两摄像机的投影中心连线的距离；相机焦距为f，设两摄像机在同一时刻观看空间物体的同一特征点P（x_c，y_c，z_c），分别在"左眼"和"右眼"上获取了点P的图像，它们的图像坐标分别为P_{left}=（X_{left}，Y_{left}），P_{right}=（X_{right}，Y_{right}），现两摄像机的图像在同一个平面上，则特征点P的图像坐标Y坐标相同，即$Y_{right}=Y_{left}=Y$，则由三角几何关系可得：

$$\begin{cases} X_{left} = f\dfrac{x_c}{z_c} \\[2mm] X_{right} = f\dfrac{(x_c - B)}{z_c} \\[2mm] Y = f\dfrac{y_c}{z_c} \end{cases}$$

则视差为：$Disparity = X_{left} - X_{right}$。由此可计算出特征点$P$在相机坐标系下的三维坐标为：

$$\begin{cases} x_c = \dfrac{B\, X_{left}}{Disparity} \\[2mm] y_c = \dfrac{B\, Y}{Disparity} \\[2mm] z_c = \dfrac{B\, f}{Disparity} \end{cases}$$

因此，左相机像面上的任意一点只要能在右相机像面上找到对应的匹配点，就可以确定出该点的三维坐标。这种方法是完全的点对点运算，像面上所有点只要存在相应的匹配点，就可以参与上述运算，从而获取其对应的三维坐标。

利用双目立体视觉技术进行识别与空间定位可分为图像获取、摄像机标定、特征提取、立体匹配和三维重构等几个步骤，如图2-5所示。

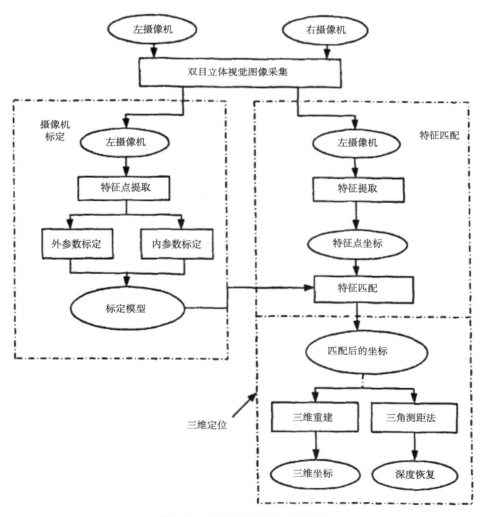

图2-5 双目立体定位工作原理

（二）图像获取

立体图像的获取就是用摄像机获取3D物体的2D图像，它是立体视觉的物质基础。图像获取的质量受拍摄位置、光照条件、摄像机几何特征等因素的影响很大，因此，在摄取图像时，不但要满足应用要求，而且要考虑视点差异、光照条件、摄像机性能及景物特点等因素的影响以有利于立体计算。

双目体视的图像获取是由不同位置的两台或者一台摄像机经过移动或旋转拍摄同一场景，获取立体图像对。假定摄像机1与摄像机2的角距和内部参数都相等，两摄像机的光轴互相平行，二维成像平面重合，P_1 与 P_2 分别是空间点P在摄像机1与摄像机2上的成像点。一般情况下，针孔模型两个摄像机的内部参数不可能完成相同，摄像机安装时无法看到光轴和成像平面，故实际中难以应用。相关机构对会聚式双目体视系统的测量精度与系统结构参数之间的关系作了详尽分析，并通过试验指出，对某一特定点进行三角测量。该点测量误差与两摄像机光轴夹角是一复杂的函数关系；若两摄像头光轴夹角一定，则被测坐标与摄像头坐标系之间距离越大，测量得到点距离的误差就越大。在满足测量范围的前提下，两摄像机之间夹角为50°～80°。

（三）摄像机的标定

利用摄像机所拍摄到的图像来还原空间中的物体。在这里，不妨假设摄像机所拍摄到的图像与三维空间中的物体之间存在以下一种简单的线性关系：[像]=M[物]，这里，矩阵M可以看成摄像机成像的几何模型。M中的参数就是摄像机参数。通常，这些参数是要通过试验与计算来得到的。这个求解参数的过程就称为摄像机标定。

三维物体的位置、形状等几何信息是从摄像机获取的图像信息中得到的。未来获取空间点到摄像机图像像素点的对应关系，摄像机的标定必不可少。摄像机标定的目的是建立有效的摄像机成像模型，确定摄像机的内外属性参数，以便正确建立空间坐标系中物体的空间点与成像点之间的对应关系。建立一个有效的摄像机模型，除了能够精确的恢复出空间物体的三维信息外，还利于解决立体匹配的问题。双目立体视觉的两个摄像机要分别进行标定，在从2D计算机坐标推导3D信息时，如果摄像机是固定的，只需标定一次即可。

水果采摘机器人需要根据目标的三维空间位置信息，才能引导机器人完成采摘作业任务。由于通过相机采集到的目标为二维图像空间中位置，因此若要获取目标的三维空间信息，需要知道图像二维空间中目标的位置与三维空间中位置的对应关系。双目相机立体视觉利用了相机成像过程中两相交光线在空间中唯一确定一点的原理，实现了物体对象点在二维空间点到三维空间位置的确定，因此研究双目相机标定技术可以实现对目标位置的三维空间定位。双目相机是由两个单目相机组合而成，因此双目相机标定技术的研究离不开单目相机标定技术。

1. 单目相机标定技术

（1）参考坐标系。机器视觉领域通常采用以下几种坐标系描述相机成像基本模型。

①世界坐标系 Ow（Xw，Yw，Zw）。又称绝对坐标系，为用户可自定义的描述空间物体的参考坐标系，具有物理单位，如毫米（mm）。

②相机坐标系 Oc（Xc，Yc，Zc）。Oc 表示相机的投影光心，Zc 轴表示相机主光轴，Xc、Yc 为相机坐标系的两轴，单位可取毫米（mm）。

③图像物理坐标系 O_f（x，y）。O_f 表示图像物理坐标系原点，x、y 为图像物理坐标系的两轴，单位可取毫米（mm）。

④图像像素坐标系 O（u，v）。坐标系原点为图像平面的左上角点，u、v 为图像像素坐标系的两轴，u、v 以像素为单位代表像素位置。

（2）相机成像模型。相机成像模型是实际三维场景中的物体光线经过透镜投影到图像二维平面过程中发生变换的一种描述。由于摄像机镜头具有多样性，因此成像过程中所发生的变换也有所不同。一般机器视觉领域中常用针孔相机模型与畸变相机模型描述相机成像过程。

针孔相机模型是一种常用的近似线性模型，该模型常用于描述相机的基本成像原理，不考虑相机透视畸变的影响，仅包含透视投影变换及刚体变换。

由于相机制造与安装存在误差等因素的影响，使得相机成像过程很难成为理想线性模型，常需以透镜畸变模型进行修正，称为畸变相机模型。

（3）相机参数求取。相机标定的过程即对相机的内、外参数及畸变参数求解的过程。需求取4个内参数，相机外参数的3个旋转参数和3个平移参数，4个畸变参数。

（4）标定结果分析。对标定结果进行分析，通过校正后的图像可以看出图像场景变为正常的场景，方便对物体进行识别与定位等分析。

2. 双目相机标定技术

双目立体空间定位是利用相机成像过程中两成像光线相交实现了物体对象点在三维空间位置的确定，双目视觉系统空间定位过程通常包含两种方式：双目相机不平行结构下的标定和双目相机平行结构下的标定。

双目相机不平行结构的标定直接利用两针孔相机成像模型进行三维空间定位，通过已知左右相机图像像素坐标反求物体点三维空间坐标的过程。利用双目相机不平行结构求解物体三维空间点是依据已知左、右图像中相同物体图像坐标的条件下求解的，由于该标定方式各自独立标定，未考虑两相机的相对位置关系，利用立体匹配技术进行搜寻，会在其中一幅图像中做整体搜索，才能找到匹配点。当图像像素数目较大时，会大大的增加计算时间，会影响机器人采摘执行过程。

双目相机平行结构的标定原理是根据Bouguet算法完成相机的标定。该算法考虑左右相机的相对位置关系，最终利用将左右图像极线平行调整，从数学上实现两个图像平面完全共面且行对准的特点，可以缩短立体匹配的执行时间。双目平行结构相机校正后图像完成了行对准的特性，有利于降低立体匹配算法执行的时间，具有较好的优势。

（四）特征点提取

为了确定场景中同一物点在两幅不同图像中的对应关系，要选择合适的图像特征进行匹配，目前尚没有一种普遍适用的理论可运用于图像特征的提取，从而导致了匹配特征的多样性。常用的匹配特征主要有点状特征、线状特征和区域特征等。一般来讲，大尺度特征含有较丰富的图像信息，在图像中的数目较少，容易得到快速匹配，但他们的定位精度差，特征提取与描述困难。而小尺度特征数目较多，其所含信息较少，因而在匹配时需要较强的约束准则和匹配策略，以克服歧义匹配和提取运算效率。良好的匹配特征应具有区分性、不可变性、稳定性、唯一性以及有效解决歧义匹配的能力；与传感器类型及抽取特征所用技术等相适应；具有足够的鲁棒性和一致性。在进行特征点像的坐标提取前，需对获取的图像进行预处理。因为在图像获取过程中，存在一系列的噪声源，通过此处理可显著改进图像质量，使图像中特征点更加突出。

（五）优缺点分析

双目视觉定位优点如下。

（1）实现非接触测量。对观测者与被观测者都不会产生任何损伤，从而提高了系统的可靠性。

（2）具有较宽的光谱响应范围。机器视觉则可以利用专用的光敏元件，可以观察到人类无法看到的世界，从而扩展了人类的视觉范围。

（3）长时间工作。人类难以长时间地对同一对象进行观察。机器视觉系统则可以长时间地执行观测、分析与识别任务，并可应用于恶劣的工作环境。

（4）精度较高，用双目立体定位计算结果可达毫米级，可以达到果实采摘的精度要求。

（5）系统结构简单、成本低。

双目视觉定位缺点如下。

（1）对环境光照非常敏感。双目立体视觉法依赖环境中的自然光线采集图像，而由于光照角度变化、光照强度变化等环境因素的影响，拍摄的两张图片亮度差别会比较大，这会对匹配算法提出很大的挑战。另外，在光照较强（会出现过度曝光）和较暗的情况下也会导致算法效果急剧下降。

（2）不适用于单调缺乏纹理的场景。由于双目立体视觉法根据视觉特征进行图像匹配，所以对缺乏视觉特征的场景（如天空、白墙、沙漠等）会出现匹配困难，导致匹配误差较大甚至匹配失败。

（3）计算复杂度高。该方法是纯视觉的方法，需要逐像素计算匹配；又因为上述多种因素的影响，需要保证匹配结果比较鲁棒，所以算法中会增加大量的错误剔除策略，因此对算法要求较高，想要实现可靠商用难度大，计算量较大。

（4）相机基线限制了测量范围。测量范围和基线（两个摄像头间距）关系很大：基线越大，测量范围越远；基线越小，测量范围越近。所以基线在一定程度上限制了该深度相机的测量范围。

双目立体视觉非常适合于制造现场的在线、非接触产品检测和质量控制。对运动物体（包括动物和人体形体）测量中，由于图像获取是在瞬间完成的，因此立体视觉方法是一种更有效的测量方法。双目立体视觉系统是计算机视觉的关键技术之一，获取空间三维场景的距离信息也是农业智能装备研究中最基础的内容。

四、采摘机械手

果蔬收获属于劳动密集型工作，由于人口老龄化和农业劳动力资源的缺乏，致使人工收获成本在整个果蔬生产成本中所占的比例高达30%～50%，大大降低了产品的市场竞争力。智能作业装备中果实采摘装备的研究开发有利于解放劳动力、提高生产率、降低生产成本、保证新鲜果蔬品质，具有重要的现实意义，是果蔬智能作业装备研究中的一项重要内容。

果蔬采摘机器人要在非结构环境中进行果实定位与采摘，主要通过机械手来完成。果蔬采摘机械手由手臂、关节和末端执行器构成，在执行采摘任务时不仅依靠灵活的机械运动，还需要智能识别技术实时感知、监测周围环境，这样机械手在执行采摘时方能实现避障，成功完成任务。采摘机械手控制系统是根据指令及传感器信息控制机器人完成一定的动作或作业任务的装置。机械手的控制系统包括硬件部分和软件部分，这里着重介绍硬件部分。

（一）采摘机械手总体结构及工作原理

果实采摘机械手一般由夹持、剪切和支撑3部分组成，夹持机构用于固定果实的位置，剪切机构是利用切割刀片将果实切下，支撑机构主要用于连接机械手与作业平台。采摘机械手工作时，由视觉系统识别到果实的空间的位置，加持和剪切机构移动到果实部位，加持机构夹住果实，剪切机构将果实剪下，完成采摘动作。

（二）ATmega16控制的六自由度采摘机械手

ATmega16控制的六自由度果实采摘机械手工作时，控制系统先根据目标位置和自身位置规划好路径，当运动中接近障碍物时，需要视觉伺服系统通过图像的实时捕捉、传送，控制器根据避障数学模型进行各种类算法控制，从而有效规避障碍物。机械手控制系统结构如图2-6所示，这种控制方式核心在于通过视觉控制器和关节传感器使得机器人控制器获取准确信息并进行采摘动作，视觉伺服系统帮助机械手实现避让，重置路径，联合控制机械手的运动。

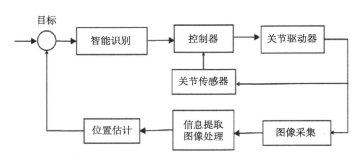

图2-6　机械手控制系统结构

基于ATmega16的六自由度果实采摘机械手为基座、手臂、手腕、手部4部分，每个部分通过伺服电机进行控制，舵机是组成机械手的最重要组成部件，实现整个机械手臂的控制的实质就是对6个微型伺服直流电机的控制，以舵机的转动即机械手臂关节的转动作为动力源，来带动整个手臂支架完成机械手在一定空间范围内对果实的采摘工作。

1. 伺服电机简介

伺服电机（Servomotor）是指在伺服系统中控制机械元件运转的发动机，是一种补助马达间接变速装置。伺服电机可使控制速度，位置精度非常准确，可以将电压信号转化为转矩和转速以驱动控制对象。伺服电机转子转速受输入信号控制，并能快速反应，在自动控制系统中，用作执行元件，且具有机电时间常数小、线性度高、始动电压等特性，可把所收到的电信号转换成电动机轴上的角位移或角速度输出，分为直流和交流伺服电动机两大类。其主要特点是，当信号电压为零时无自转现象，转速随着转矩的增加而匀速下降。

2. 伺服电机工作原理

伺服系统（Servomechanism）是使物体的位置、方位、伺服电机状态等输出被控量能够跟随输入目标（或给定值）的任意变化的自动控制系统。伺服主要靠脉冲来定位，基本上可以这样理解，伺服电机接收到1个脉冲，就会旋转1个脉冲对应的角度，从而实现位移，因为，伺服电机本身具备发出脉冲的功能，所以伺服电机每旋转一个角度，都会发出对应数量的脉冲，这样，和伺服电机接受的脉冲形成了呼应，或者叫闭环，如此一来，系统就会知道发了多少脉冲给伺服电机，同时又收了多少脉冲回来，这样，就能够很精确地控制电机的转动，从而实现精确的定位，可以达到0.001mm。其原理如图2-7所示。

图2-7　微型伺服直流电机工作原理

控制脉冲通过控制电路传送到直流电机部分，然后变速齿轮组由电机驱动，其终端（输出端）带动一个线性的比例电位器作位置检测，该电位器把转角坐标转换为一比例电压反馈给控制线路板，控制线路板将其与输入的控制脉冲信号比较，产生纠正脉冲，并驱动电机正向或反向地转动，使齿轮组的输出位置与期望值相符，令纠正脉冲趋于0，从而达到使伺服电机精确定位的目的。例如，当输入一个周期性的正向脉冲信号时，它的高电平时间持续在1～2ms，低电平时间持续在5～20ms。一个典型的信号如图2-8所示。

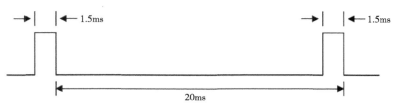

图2-8　脉冲信号

变速原理是根据脉宽调速，控制信号由接收机的通道进入信号调制芯片，获得直流偏置电压。它内部有一个基准电路，产生周期为20ms，宽度为1.5ms的基准信号，将获得的直流偏置电压与电位器的电压比较，获得电压差输出。最后，电压差的正负输出到电机驱动芯片决定电机的正反转。当电机转速一定时，通过级联减速齿轮带动电位器旋转，使得电压差为0，电机停止转动，即当输入脉宽小于1.5ms时电机逆时针旋转，输入脉宽等于1.5ms时电机停止，脉宽大于1.5ms时电机顺时针旋转。

如图2-9所示为一个典型的20ms周期脉冲的正脉冲宽度与微型伺服电机的输出位置关系。舵机转动角度范围0°～180°，通过周期为20ms的PWM信号控制。PWM信号高电平持续时间在0.5～2.5ms，舵机输出臂在0°～180°变化，即高电平的持续时间决定了舵机的角度。例如，高电平为0.5ms时，舵机将转到0°；高电平为1.5ms时，舵机将转到90°，高电平为2.5ms时，舵机将转到180°。

机械手位姿是由舵机角度决定的，舵机角度与其输入正脉冲宽度是相互对应的。因此，在软件程序中进行脉冲宽度与舵机角度转换程序的编写，在硬件电路中利用按键对输入正脉冲宽度控制，即可完成对六自由度果实采摘机械手的控制操作。

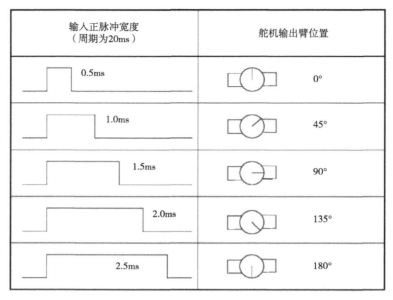

图2-9　脉冲宽度与伺服电机输出位置关系示意图

3. 微型伺服直流电机内部结构

　　微型伺服直流电机也称舵机，早期主要用于模型飞机控制，随着近年来机器人研究事业发展迅速，舵机也越来越多地被应用于机器人领域。近几年，舵机的技术发展非常迅速，更小的体积、更高的速度、更大的扭力，这些都是舵机发展的方向。舵机具有控制简单、输出力矩大、输出角度精确、工作电压低、标准模块化等优点，非常适合于小型机器人的制作。舵机的物理原理是由接收机发出信号给舵机，经由电路板判断转动方向，再驱动无核心马达开始转动，透过减速齿轮将动力传至摆臂，同时由位置检测器反馈信号，判断是否已经到达定位。位置检测器实质就是可变电阻，当舵机转动时电阻值也会随之改变，通过检测电阻值便可知转动的角度。一般的伺服马达是将细铜线缠绕在三极转子上，当电流流经线圈时便会产生磁场，与转子外围的磁铁产生排斥作用，进而产生转动的作用力。依据物理学原理，物体的转动惯量与质量成正比，因此要转动质量越大的物体，所需的作用力也越大。舵机为求转速快、耗电小，于是将细铜线缠绕成极薄的中空圆柱体，形成一个重量极轻的五极中空转子，并将磁铁置圆柱体内，这就是无核心马达。舵机一般有标准舵机、小型舵机、微型舵机3种规格，其中，微型伺服直流电机内部结构包括了一个小型直流电机、一组变速齿轮组、一个反馈可调电位器和一块电子控制板，结构如图2-10所示。高速转动的直流电机提供原始动力，带动变速（减速）齿轮组，使之产生高扭力的输出，齿轮组的变速比越大，伺服电机的输出扭力也越大，也就是说越能承受更大的重量，但转动的速度也越低。微型伺服直流电机内部结构标准的微型伺服直流电机有3条控制线，分别是电源线、控制线与地线。其中，信号线一般为白色或黄色，正电源线为红色，负电源线为黑色。线路切勿接反，否则控制芯片容易烧坏。电源线和地线提供电机和控制线路的能源，电压为4～6V，此电压应尽可能与处理器的电源隔离（因为伺服电机会产生一定的噪音和干扰），在伺服电机超过额定负载时还会拉低放大器的电压，所以这个系统的电源供应比例必须合理。

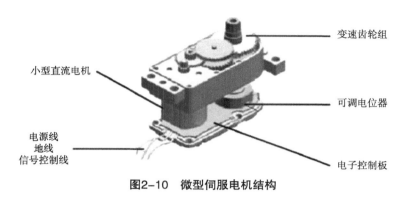

图2-10 微型伺服电机结构

（三）CAN总线控制的采摘机械手

1.总体控制方案

目前，果实采摘机器人常用的控制系统结构主要有以下几种。

（1）PC机+PC机的控制方式。它是一种两级CPU结构、主从式控制方式。一级CPU为主机，实现系统管理、运动学计算、轨迹规划和人机接口等功能，并定时地把运算结果送到公用内存，供二级CPU读取，二级CPU则完成关节位置的控制。此类系统的两个CPU总线之间基本没有联系，仅通过公用内存交换数据，对采用更多的CPU进一步分散功能十分困难。

（2）PC机+运动控制卡的控制模式。它利用以数字信号处理器（DSP）为核心的多轴运动控制技术。该控制模式的优点为：PC机本身具备很丰富的软件和硬件资源，有利于运动控制卡的控制，节省了开发运动控制卡的时间，缩短产品开发周期。缺点是：控制箱体积过大，板卡、驱动器、电机之间的连线特别多，运动控制卡的价格比较昂贵。这种方式加重了采摘机器人的成本，不利于采摘机器人的推广使用。

（3）PC机+分布式控制卡的控制模式。它是一种多CPU、分布式控制方式，这种结构普遍采用上下位机的二级分布式结构，上位机负责整个系统管理以及运动学计算、轨迹规划等。下位机由多CPU组成，每个CPU控制一个关节运动，上位机和下位机之间通过CAN总线通信，这种结构的控制系统工作速度和控制性能明显提高。

这种控制方案的优点：节省了运动控制卡的费用，采用自行设计的控制器进行运动控制。CAN总线通信卡与各控制器之间仅需一对双绞线连接，连线数量明显减少。各控制器以节点的形式连接在CAN总线中，增减控制单元比较方便，有利于产品改进。由于仍然没有解决易于便携的问题，限制了此方案的应用。

　　研究人员在分析上述几种控制方案优缺点的基础上，提出了基于DSP的上位机运动控制器+下位机关节DSP控制器的多CPU、分布式控制结构，并采用有效支持分布式控制和实时控制的CAN总线通信，以驱动各个关节协调工作，如图2-11所示。这种方案可方便地实现控制单元的增减，无须对原有单元做任何硬件的修改，有利于机器人扩展，并大大降低制造成本。运动规划控制系统接收目标果实的位置信息后，将其转换到机器人基准坐标系中，进行逆运动学计算，运动规划、插补运算等，然后将规划的关节位置指令通过CAN（Controller Area Network）总线发送到各个关节控制器，控制相应关节电机转动到指定位置。待机械手移动到目标果实位置后，再控制末端执行器采摘，并将采摘后果实放置到收集器皿中。这种采摘机械手控制系统体积小、重量轻、成本低、易于便携；同时由于采用CAN总线通信，提高了数据传输的可靠性，简化了系统布线，可方便地实现控制单元的增减。

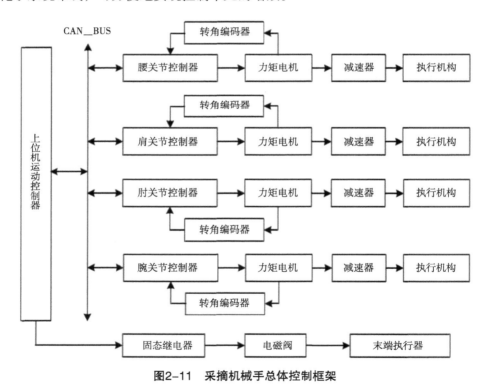

图2-11　采摘机械手总体控制框架

　　上位机运动规划控制系统主要完成逆运动学计算、轨迹规划、插补运算、末端执行器控制、与视觉系统及下位机关节控制器的通信任务等；下位关节控制器则负责关节电机的位置控制和反馈信号处理，接收上位机控制命令并向上位机发送各关节位置信息。

2. 控制系统硬件设计

（1）手臂硬件设计。手臂硬件电路主要由电源模块、dsPIC30F4012最小系统电路、CAN总线通信模块、串口模块与固态继电器控制模块组成dsPIC30F4012最小系统，是处理器能够正常工作的最低硬件要求，包括复位电路、时钟电路、ICD2仿真下载电路、LED测试电路，如图2-12所示。

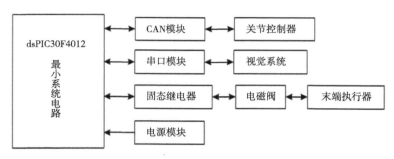

图2-12　上位机运动控制器硬件框架

dsPIC30F4012提供一个异步串行模块UART，可实现半双工或全双工通信，波特率范围为38bps至1.875Mbps。由于dsPIC30F4012的U1TX和U1RX引脚上是TTL电平，而RS232接口的标准电平采用负逻辑；须把TTL电平与RS232电平进行相互转换，可采用MAXIM公司的MAX3221E芯片来完成电平的转换。

CAN模块用于和机械手各关节的通信，采摘机械手采用一点对多点的通信方式，上位机运动控制器和4个关节控制器的CAN模块均采用dsPIC30F4012内嵌标准CAN控制器和CAN收发MCP2551组成。MCP255CAN控制器和物理总线之间的接口，工作速率高达1Mbps，它的TXD端和RXD端分别接dsPIC30F4012的CANTX端和CANRX端，CANH和CANL连接到总线上，完成与总线的通信。

末端执行器控制模块包括对两指柔性手爪和切割装置气缸的控制。手指通过一个两位三通电磁阀AIRTAC4A210来控制，切割装置用一个三位五通SMC电磁阀SY532来控制气缸的正反转。利用dsPIC30F4012的IO口通过固态继电器实现对末端执行器的控制，固态继电器是一种无触点开关，具有灵敏度高、开关速度快等优点。

（2）关节控制器。关节控制器主要实现对电机的驱动与电机位置的控制。研究人员设计的关节控制器以dsPIC30F4012和AS5045磁旋转绝对值编码器为核心，由于各关节控制器电路基本相同，关节控制器整体硬件框架如图2-13所示。主要由dsPIC30F4012最小系统、H桥驱动电路、信号反馈电路、CAN总线通信模块、保护与故障处理模块、AS5045转角反馈模块等组成。

dsPIC30F4012中的电机控制PWM模块产生PWM信号，作为电机驱动电路的基极信号，H桥电路由4只场效应晶体管IRF3205组成，并由专用驱动控制芯片IR2104来驱动，从而控制直流电机的正反转。

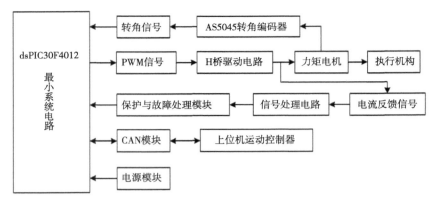

图2-13 关节控制器总体硬件框架

电机位置传感器可采用瑞士Austria Microsystems公司的AS5045无接触式磁旋转编码器，它是一个片上系统，整合了集成式Hall元件，提供用户可编程的零位置设定和诊断，内嵌DSP引擎，能够检测磁场的方向并计算出12位的二进制编码，可通过同步串行接口（SSI）访问绝对角度值，其分辨率达到0.087 9°，用于精确测量整个360°范围内的角度。测量角度时，只需简单地在芯片中心的正上方放置一个旋转双极磁铁即可。

电流检测电路由运算放大器、电压比较器、AD模块组成。当电机电流流经取样电阻后，一路输入dsPIC30F4012的AD模块，作为电流反馈值；另一路输入电压比较器，一旦电枢电流超过设定值，比较器输出低电平，同时产生中断信号，通知系统有故障发生，该电路具有电流检测、限流和过流保护功能。

五、变量喷药

（一）系统简介

在现代农业的发展中，农药在农业生产中占据着非常重要的地位，用量逐年上升。在整个施药过程中，施药量、雾滴大小等参数由喷药控制系统决定。研究变量施药控制系统，根据生产现场的需求，获得最佳施药效果和最少环境污染，减少农药飘移和地面无效沉积，是智能喷药控制系统的研究重点。

可变喷量施药技术的实现主要由决策生成和决策执行两部分组成，设备进行施药作业前，需采集喷施目标的位置、形状、密度及深度等必要数据信息，通过软硬件系统分析处理后计算出具体施药量；施药时，控制系统根据机具的位置、速度等信息，并利用流量、压力等传感器获取供药系统中流量压力的实时反馈值，生成具体的施药指令，控制伺服系统进行实时的变量施药作业。喷药机喷药系统在田间进行喷药作业时，实地环境复杂，作物种类不同，高矮疏密不一，且同一作物不同部位也千差万别，精准施药技术要求喷雾系统能够根据具体情况实时的启闭或改变喷头流量，实现按需施药。喷施目标的信息采集方式和流量控制系统的方案设计是整个系统能否实现精确变量作业的关键。

变量智能喷药系统是将液压技术、电子控制技术以及智能检测技术有机结合，实现当作物种类或状态发生变化时，施药量能够随之动态改变，达到变喷量精确施药的目的。该系统的智能施药策略主要由电子控制系统承担，用户在开启电子控制系统后按实际需要设置并初始化系统参数，继而由电子控制系统调用图像检测系统，对当前喷施目标进行图像采集并处理，随后将处理结果反馈给电子控制系统，后者根据处理结果实时调整供药系统中对应电控比例阀的开度，从而改变对应喷杆的输出流量，对应喷嘴喷出流量随之改变，以实现按需施药。

（二）数据采集方式

国内外比较成熟的信息采集方式可以分为基于地理信息技术（GPS、GIS、RS）和基于实时传感器技术两种。

1. 基于GPS、GIS、RS的数据采集

基于地理信息技术的喷施目标的信息采集是以全球定位系统（GPS）、地理信息系统（GIS）以及遥感技术（RS）为基础，结合作物生长模型及农业生产决策系统（DDS）记录采集田间作物的位置信息及病虫害分布信息，形成变量作业喷施处方图，植保机械根据处方图对不同的病虫害区域实施差异化施药。利用该信息采集系统的优势在于能够同时获取作物和病虫害分布信息，作业机具根据处方图能够有重点有针对性的对病虫害严重的区域定点施药，还能够实现无人化作业，极大地提高了机具的自动化及智能化水平。但是，其在信息采集过程中需要投入较多的人力物力，实现成本较高，作业流程图往往在作业前就已制定完成，致使机具在具体施药时对病虫害分布的实时改变和突发状况无法作出有效的反应，导致其实时性变差。

受益于计算机技术和卫星通信技术的高速发展，国内外学者在以"3S"技术作为数据采集方式的变量施药系统的研究方面取得了丰硕成果。Gerhards等采用GPS技术研制了针对田间杂草的精准施药系统，其预先将杂草在农田内的分布情况绘制成图并导入计算机内，然后结合GPS对喷嘴位置的实时监测来控制喷雾机进行变量施药，实践证明此技术能够有效减少农药的用量。江苏大学的邱白晶等基于地理信息技术设计了一种变量施药控制系统，其采用AgGPS132接收机实时定位施药机具，根据施药处方图的具体要求，由计算机获取、传递并实时显示所需施药量，并通过压力、流量、速度等传感器实时获取反馈信息以调整机具的实时喷雾量，实现按需施药。

2. 基于实时传感器的数据采集

基于实时传感器技术的数据采集主要通过各类传感器（如CCD相机、超声波、红外、激光传感器等）来实时获取喷施目标的轮廓、距离、深度及密度等信息，并由

控制系统分析处理后确定施药量的多少，形成施药决策。

（1）红外扫描数据采集。20世纪60—90年代初，红外技术因其没有破坏性，可实现无损探测，成本较低，探测结果精准，用时较短，受到了企业家和各专家学者的青睐，并被迅速应用于工业生产、农作物栽培、医疗器械上。美国应用红外扫描技术较早。1981年，美国通过研制出红外光电式喷雾机，该喷雾机改变了传统连续喷雾的缺陷，实现了间歇式不连续喷雾，并且减少了农药的使用，将农药利用率提高了24%~51%。1991年，红外扫描喷药技术经过改进，被应用于除草喷药。日本在1994年采用光电探测技术，研制出一款用于果园自动喷雾的自走式喷雾机，该机器能识别果园中果树位置进行自动喷药操作。我国学者在果园喷药技术上采用红外扫描技术研究的也很多。如中国农业大学的何雄奎进行了果园对靶探测的研制，试验中通过采用静电探测技术，将红外光进行准确分段，实现了对果树形态的精准判断，从而进行喷雾动作。

（2）超声波数据采集。超声波传感技术在果园喷药系统中的应用兴起于20世纪80年代初，通过超声波的发射和接收之间的时间差进行超声波探测，实现果园果树的喷药。国内外采用超声波技术在喷雾上取得了一定的进展。美国采用超声技术研制出一款适合果园的智能喷药系统，超声波传感器通过控制系统实现探测，在喷雾探头处进行大小和形态的处理。该系统可安装在行走的喷雾机上，通过一定的速度控制探测树木具体位置，保证了药物的准确喷洒，减少了农药的浪费，提高利用率。通过试验表明，该设备节省农药率为50%。我国华南农业大学的王贵恩研制了采用超声传感技术开发的针对果树外形检测的控制系统，系统主要包括超声波传感器、电磁阀、控制器、电机等，试验依据超声波探头检测出设备距离树木的距离，给控制器传输一个信号，该信号控制电磁阀的开启或闭合。

（3）图像传感数据采集。将图像传感器安装在喷药机械装置上，通过机器视觉技术分析果园树木图形和颜色，针对树木的位置和病害部位进行专门的喷药操作。国外学者Giles通过机器视觉技术作为系统的探测技术，通过调节喷头的位置和方向进行识别，利用该技术，实现了对杂草覆盖率的检测，喷药的效率提升40%。我国南京林业大学的赵茂程采用图像传感技术实现了在林业中农药的自动喷洒。试验中，选择性使用部分喷头，避免了所有喷头同时工作造成的机械损坏和农药浪费。

实时传感器技术因其精确度高、实时性强等特点在变量施药领域内得到了广泛的应用。Dammer等基于实时传感器技术设计了一套能够有效识别杂草幼苗的变量喷雾机，在草害的防治方面具有良好的功效。田磊等人研制了"基于机器视觉的番茄田间自动杂草控制系统"以及"基于差分GPS的施药系统"。加利福尼亚大学利用机器视觉传感器开发出了针对成行植物进行精准施药的控制系统。陈勇、郑加强等结合机器视觉以及模糊控制理论设计出了一套精准可变喷量施药控制系统，并在实验室内完成了其性能的测试。结果显示，系统能够根据树冠面积和距离等信息，通过模糊决策来判断施药对象的形状及距离，并据此选择不同的喷嘴组合来控制施药系统的流量以及喷雾距离，实现对喷施对象的智能化可变量施药，以降低药液的用量，提高使用率。

（三）影响变量施药主要因素

在施药过程中，影响喷杆喷雾机单位面积施药量的主要因素一般有喷雾压力、行进速度、旁路调节阀等。

1.压力

压力对施药量的影响主要体现在压力对喷嘴流量的影响，对于选定的喷嘴，压力和流量之间的关系表达式为：

$$\frac{q_2}{q_1} = \sqrt{\frac{P_1}{P_2}}$$

式中，q_1为压力为P_1时的流量；q_2为压力为P_2时的流量。

系统实时压力与系统施药量为反比关系，当系统实时压力发生轻微波动时，施药系统管路的施药量变化明显，从而影响施药系统的有效施药作业。当流量发生微小变化时，压力的变化较大。系统压力的改变不仅会改变喷嘴的流量，同时会改变雾滴的尺寸、雾型，影响施药量的精确。因此，系统的压力变化不能太大，否则会影响喷雾质量。在实际施药过程中，施药系统流量的变化一般会引起系统压力的变化，进而会影响雾化效果；如果施药过程中能保证系统压力在一定范围内变化，则由系统流量变化引起的压力变化对雾化质量不会有影响。

对施药作业而言，喷雾的雾型、喷雾液滴大小即雾化程度和喷雾飘移，都是评价施药作业质量的重要参数。而根据前人不断的研究和试验，喷头作业时的压力在一定范围内才会得到较为标准的雾型和较好的雾化程度。因此，测量管道压力，甚至测量每个喷头处的压力，可以大致判断喷雾质量。通常情况下，一个喷头的型号与标号确定后，喷头每分钟的喷药量取决于喷头处压力，当喷头正常工作时，喷头流量与喷头处压力近似成正比例关系。那么，通过测量喷头处的实时压力，可以间接得到喷头的实时流量。

因此，管道压力关系到喷雾质量，可以反映出系统中泵、喷头等部件的工作状况，可以计算出系统的流量大小。管道压力是影响系统施药作业的主要因素之一，也是应该重点测量的物理量。

2.速度

在喷药机械工作工程中，施药机械运行速度的变化是影响单位面积施药的主要因素，当施药环境一定的条件下，系统单位面积的实际施药量与施药机械运行速度的关系为：

$$Q=kq/vw$$

式中，Q为系统单位面积的实际施药量；k为施药系数；q为系统施药量；v为施药机械运行速度；w为施药机械施药架幅宽有效长度。

通过上式可知，系统单位面积的实际施药量与施药机械运行速度为正比关系，当施药机械的运行速度提高时，系统单位面积的实际施药量也相应增加。

机器前进速度是变量喷药原理中重要的物理量之一，只有根据机具速度来实现相应的喷药量，才能达到变量喷药的根本目的。喷药机作业平均速度受喷药机的最大喷药流量、载荷大小以及田面平整度以及潮湿程度影响。机器前进瞬时速度受到驾驶员操作因素、环境因素、喷药机动力部分工况等多方面影响，很难处于长久平稳的状态，同时也很难通过技术手段进行建模与预测。机器前进速度的频率和大小不可预测的波动势必会给控制带来一定的影响。针对这种情况，需要对速度测量提出较高的要求，并做好滤波等方面的工作。

3.实时流量

实时流量的精准测控是变量施药的核心内容，各个时刻或者连续时间内，实时流量与理论流量均在误差允许范围内，那么累加下来，整个施药过程才符合变量施药的预期效果。对喷药机实时流量的监测出现较大误差或者控制出现较大误差，长时间工作下来，前者会导致整个施药过程施药量不可预测，直接导致该次作业不合格；后者会使变量施药效果变差，难以达到预期。因此实时流量是影响变量喷药控制系统的主要因素之一。

泵为管流系统提供动力来源，很大程度上影响了管流的流量和压力。以隔膜泵为例，活塞式隔膜泵为往复式泵，泵轴的转速是泵的理论平均流量唯一决定因素。泵在实际工作时，在泵构件之间会发生内泄漏，泄漏流量与泵出入水口之间的压力有关。因此，泵的实际流量为理论平均流量与内泄漏流量的差值，泵的构造、泵轴的转速、出入口之间的压差是泵对系统流量产生影响的3个因素。实时流量对变量喷药的影响十分重要，实时流量和单位面积流量以及累计流量有着直接的关系。变量喷药控制系统对流量的控制将体现在对实时流量的控制，诸多实践过的反馈式控制系统也将实时流量或实时流量与理论流量的差值作为反馈。而实时流量又受变量喷药系统管路中泵、管路、喷头的影响，其中泵的流量的影响因素为泵轴转速、泵的结构（内泄漏）和出入口压差；有压管道流量的影响因素为管长、管径、管内壁粗糙度、管路弯管和变径部分以及沿程水头损失；喷头流量的影响因素为流体压力。针对某一喷药系统，在泵稳定工作的情况下，系统实时流量只需要考虑管路沿程水头损失和压降，流量传感器、阀等造成的局部水头损失和压降，喷头处压力。

（四）流量控制方式

变量施药系统的流量控制大体上可以分为变压力、变药液浓度以及脉宽调制（Pulse Width Modulation，PWM）三大类，流量控制方式的正确选择关系着整个变量施药系统施药的精确度。

1. 变压力式流量控制

变压力式流量控制方式是最传统的施药流量控制方法，其主要通过系统中的压力传感器获取压力反馈信息，并根据控制指令调节伺服阀门开度的大小，以此实现供药系统内各支路压力的改变，满足变量施药的需求。但流量与压差的平方根成正相关，若要得到较宽的流量调节范围，压力变化范围需要成倍的增加，而压力过大改变的不仅仅是喷嘴流量，对雾滴的尺寸和分布图形也会有较大的影响，这将对喷雾质量产生不利影响。针对变压力式流量控制的流量调节范围较小，且雾滴尺寸和分布改变较大等问题，诸多学者对其进行了有效的改良，如Unavut等通过向该控制系统的收缩阀内部嵌入高刚度材料，有效地提高了其调节性能。Anglund等设计研发了基于压力调节式的喷雾机，并通过实地测试，得出压力调节的响应延时在2s左右。美国喷雾公司研制的一种变量喷雾系统，将喷头压力与机具速度相互联系起来，可以基于机具的实时速度对系统压力进行调节，并得到了大致相同的单位面积喷雾量。史岩、祁力钧等基于自主开发的压力式变喷量施药系统，获取了该系统的数学控制模型，并使用MATLAB对该模型进行分析。结果显示，该模型能够对施药量进行方便有效的控制，且效果符合要求。变压力式流量控制方式因其设计简单，成本较低得到了广泛的使用。

2. 变药液浓度式流量控制

变药液浓度的流量控制方式指利用混药器根据实际需要实时调节药液浓度，主要分为药剂注入式和药剂并入式两种。其中，药剂注入式控制系统是保证系统中水的流量为常量，通过控制器实时计算出需要施加的农药原液量并由执行机构将其注入水中，从而实现施药量的变量调节，该方式优点在于不必对剩余药液进行处理，并且可以保证系统压力恒定，保证雾滴尺寸和分布不变，但该方式是一种开环控制，缺乏实时混药浓度信息，有可能导致到达不同喷嘴的药液浓度有所不同。药剂并入式是指同时改变药剂和水的注入量（即在线混药），使农药和水能够以需要的比例快速均匀地完成混合，该方式需要药液和水的控制器能够快速作出响应，但实际操作时，很难达到理想状态。

Elaissaoui等基于电子控制系统设计了一套小型直接注入式喷雾系统，其利用有限体积法建立数学模型以研究混药浓度的变化过程。此外，为降低施药延时，还优化了液压喷杆的结构设计，通过MATLAB Simulink仿真以及搭建试验平台进行实际测试，发现串行喷嘴布局的喷杆直径为6mm时能使混药均匀度达到97%，且施药延时为0.8~1.5s，结果令人满意。研究还表明，改变溶剂的流量有利于提高系统的动态特性。Nils Bjugstad等设计了一套药剂并入式在线混药系统，其将一个水箱装载正常浓度药液，另一水箱装有纯水，并在靠近喷嘴处（为降低相应延时）使两者混合，并将PID算法编写为LabView程序进行控制。结果表明，该种混药方式能产生更低的混药梯度，且该系统不依赖于农药的物理形态，也能很好地适用于固态的农药药粉。徐幼林等基于高速摄影技术通过试验测试了混药器的在线混药性能，以聚苯乙烯为示踪粒子跟踪监测混合液的状态。结果表明，当泵处于低转速状态时，泵的输出压力越大，混药器在线混药均匀度越好；当泵的压力保持恒定时，混药均匀度随泵转速的提高而提高。

3. 脉宽调制（PWM）式流量控制

脉宽调制式流量控制是通过不同占空比信号控制电磁阀的开闭时间来实现喷嘴处流量的调节。为了实现流量的精确可调，必须要求每个电磁阀只能够单独控制其对应的某一喷嘴，并且电磁阀的性能要求能够适应高频开关的需求，Liu等设计了基于PWM的变量喷雾系统，通过单片机控制40个高速电磁阀的开闭时间，在实验室测试了从10%~100%的10种不同占空比下流量的变化，获得了较高的流量调节精度，并且在电压放大模块中加入了保护电路，使高速开关电磁阀的寿命达到了2 426h。Chen等设计了一套基于高速扫描传感器的变量风送式喷雾系统，每个喷嘴均由PWM电磁开关阀控制，其能够根据目标植物的高度、宽度以及密度信息实时调整输出量。实际试验时，利用高速相机记录施药延时，试验结果表明，所设计的基于高速传感器控制的施药系统能够很好的满足变量施药应用，且由很好的防漂移效果。Giles等利用电磁开关阀控制施药量，并采用PWM（脉宽调制技术）以不同大小的占空比改变电磁阀每秒的启闭次数，以此调节对应喷嘴的喷雾量大小。邓魏、丁为民等利用平口扇形喷嘴对基于脉宽调制技术的变量喷雾系统的可调流量范围及雾化性能等各方面进行了比较全面的试验分析。结果表明，当喷嘴压力恒定时，平口扇形喷嘴能实现4.17L/min左右的流量可调区间。魏新华、蒋杉等利用自行设计的PWM变喷量施药系统，就隔膜泵的轴转速、喷嘴位置、喷雾压力以及PWM占空比等因素对该系统施药量的影响分别进行了试验。结果表明，喷雾压力和PWM信号占空比对喷雾量的影响较大，整个系统的施药量误差在6%以内。

（五）自动控制系统

按控制原理不同，自动控制系统可分为开环控制系统和闭环控制系统，开环控制系统和闭环控制系统是控制系统中两种最基本的形式。

开环控制是指无反馈信息的系统控制方式，如图2-14所示。当操作者启动系统，使之进入运行状态后，系统将操作者的指令一次性输向受控对象。此后，操作者对受控对象的变化便不能作进一步的控制。采用开环控制设计的人机系统，操作指令的设计十分重要，一旦出错，将产生无法挽回的损失。开环控制系统是最简单的一种控制方式。在开环控制系统中，系统输出只受输入的控制。由于开环控制系统结构简单、维护容易、不存在稳定性的问题，因此应用于很多控制设备中。开环控制系统的缺点是：控制精度取决于组成系统的元件的精度，因此对元件的精度要求较高。由于输入量不能通过反馈影响控制量，所以输出量受扰动信号的影响比较大，系统抗干扰能力差。所以，开环控制系统适用于输入量已知、控制精度要求不高、扰动作用不大的情况。开环控制系统一般是根据经验来设计的。

图2-14　开环控制系统

闭环控制系统指作为被控的输出以一定方式返回到作为控制的输入端，并对输入端施加控制影响的一种控制关系，如图2-15所示。带有反馈信息的系统控制方式。当操作者启动系统后，通过系统运行将控制信息输向受控对象，并将受控对象的状态信息反馈到输入中，以修正操作过程，使系统的输出符合预期要求。闭环控制是一种比较灵活、工作绩效较高的控制方式，工业生产中的多数控制方式采用闭环控制的设计。闭环控制系统是建立在反馈原理基础之上的，利用输出量与期望值之间的偏差来对系统进行控制，可获得比较好的控制性能。通常大多数重要的自动控制系统都采用闭环控制方式，闭环控制系统又称为反馈控制系统。闭环控制系统在控制上的特点是：由于输出信号的反馈量与给定信号作出比较产生偏差信号，利用偏差信号实现对输出量的控制或调节，所以系统的输出量能够自动地跟踪给定量，减小跟踪误差，提高控制精度，抑制扰动信号的影响。除此之外，负反馈构成的闭环控制系统还具有其他特点；引进反馈通路后，使得系统对前向通路中元件的精度要求不高；反馈作用还可以使得整个系统对于某些非线性影响不灵敏等。

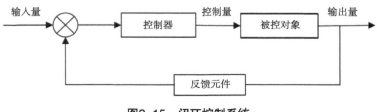

图2-15　闭环控制系统

滞环控制也称为bang-bang控制或纹波调节器控制，属于PWM跟踪技术，它具有实时控制、响应速度快、鲁棒性强的特点，是闭环控制的一种，如图2-16所示。作为滑模控制的降频措施，滞环控制是将开关函数计算模块的输出连接到滞环比较器以产生控制脉冲，控制开关的通断状态，改变系统结构，实现控制目标。在滞环控制中，对于被控量一般要设置它的外环值（最大值）和内环值（最小值）；在控制过程中，被控量要实时和设置的外环值或内环值进行比较；在某一时刻被控量小于内环值时被控量要增大；若大于外环值时，被控量要减小；控制结果会使被控制量围绕其给定值作锯齿波形态变化。

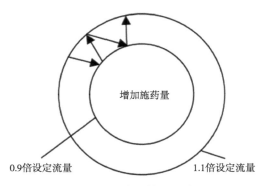

图2-16　滞环控制系统

滞环控制的优点是：不需要载波，控制方法容易实现；电流响应迅速，可以实现对电网谐波电流的迅速补偿；跟踪误差较小，可通过设置环宽大小将误差设定在一定范围内；闭环控制有很强的稳定性能。

滞环控制缺点是：在采用传统滞环控制方法中，电流跟踪的精度与滞环宽度的大小密切相关，如果滞环宽度很大，可以使开关的工作频率与损耗在很大程度上有一定的降低，同时补偿性能也会降低，误差增大；反之，滞环宽度太小，可以很好地对电流进行跟踪控制，但开关的工作频率与损耗都会大幅度增加，对开关器件的最高工作频率也有相应的要求，如果把环宽设定为某一数值，跟踪电流就会围绕实际电流在一个小范围内波动，但此时大功率开关器件的工作频率却是不稳定的，而且可能变化很大，这就提高了对开关器件的要求。由于滞环控制具有反应速度快，控制精度较高，容易实现和不需要了解负载的特性等优点，在系统控制中经常采用滞环控制法。

控制系统是精准施药的核心，各种其他控制领域常用的控制算法被引进变量喷药研究领域，如上述介绍的开环控制、闭环控制、滞环控制等经典的控制方法。除此之外，研究人员也在该领域对自适应控制、神经网络控制、模糊PID控制等现代控制方法进行了广泛的探究和应用。有些开发者设计出基于不同处理器、不同开发平台的控制系统，提高了采集过程、决策过程、执行过程的控制精确性和快速性，为复杂控制算法实现提供了基础。

六、智能除草

（一）系统介绍

除草机器人在行走驱动电机的驱动下在果树行间行走，在执行除草工作前，通过摄像头和计算机软件输入作物的特征标准，如色度、垂直高度下限、水平宽度下限等信息。除草机器人运行时，通过两个定位摄像头采集图像信息，与作物特征标准进行比对，识别出前方作物，并由两个定位摄像头确定作物对机器的方位。割草机构通过丝杠滑台机构调节好割刀盘离地高度，保证割茬高度，转角电机不动作，割草电机的力矩通过齿轮传递至两个割草刀盘，完成割草作业；需要断根除草，通过丝杠滑台机构调节好割刀盘离地高度，转角电机动作驱动四连杆机构带动转角平板转动一定角度，此时刀盘刀片前部与地面平行进行割草，后部与地面成一定夹角伸入地面下割断草根并翻松土壤；检测到障碍物或每行作业完成后，转向电机驱动齿轮齿条带动转向连杆实现避障和转弯动作。控制系统是果园除草机器人实现便捷控制的关键部分，其性能好坏直接决定了除草机器人的智能化水平。

（二）杂草识别

准确地识别作物与杂草，是智能除草机器人的作业前提。实现作物与杂草的精确识别，主要在于如何准确、智能地检测出杂草与作物分布信息，确定田间杂草的情况，如位置、密度和种类等。杂草识别的方法主要有利用光谱、机器视觉和光谱成像技术等。

1. 基于光谱的杂草信息获取技术

基于光谱的田间杂草信息获取技术是运用一定波段内作物、杂草和土壤背景的反射率差异进行杂草识别，其算法比较简单，且光学传感器反应迅速、结构简单、成本低，在实时性和经济性方面具有一定优势，是一种有潜力的可行方法。

目前的研究主要是利用台式或便携式光谱仪采集作物和杂草的光谱数据，在实验室内采用化学计量和模式识别方法进行数据处理和分析，筛选有效区分作物和杂草的特征波长带。研究大都集中在室内或者人工光照条件下，无论样本准备还是测量条件都比较理想，影响因素较少；而实际田间环境复杂，光照、水分、土壤、病虫害等多种因素都会影响植物光谱特性。因此，在实际田间环境下，只利用几个较窄的特征波长带识别较多植物种类具有一定的困难，对传感器的分辨率也提出了较高的要求。

2. 近红外光谱分析技术

近红外光谱分析技术，通过利用不同的物质在近红外区域有不同的光谱，可以充分利用全谱段或多波长下的光谱数据进行定性或定量分析，是一种快速、无损、低成本、无污染的分析技术，该技术已广泛应用于农业、食品、医学等领域。基于近红外光谱分析技术的杂草识别和处理过程如图2-17所示。由发光二极管发射的近红外光波长应在近红外区内变化,经反射后,反射光经过滤光、接收、放大等处理,转换成光电流,在单位时间内形成杂草或作物的近红外光谱,再激发程序运行,通过与库存的光谱对比并分析判断后,发出指令进行杂草处理。

图2-17 近红外杂草识别与处理过程

3. 机器视觉

在智能除草机器人中,视觉影像技术是其中最为重要的一项技术,植物图像获取、图像预处理、植物图像特征提取、植物分类是利用机器视觉识别作物与杂草的4项基本步骤。

(1)植物图像获取。利用机器视觉实现植物图像采集系统通常由光源、镜头、相机、图像采集卡及计算机等组成,图像采集系统如图2-18所示。透射光以及反射光成为机器视觉技术最常用的光源,一般采用LED灯、氙气灯、卤素灯等作为可控光源。图像采集卡通常以插入卡的形式安装在PC机中,不同的硬件结构以针对不同类型的相机,同时也有不同的总线形式,比如PCI、PCI64、CompactPCI、C104、ISA等。相机是机器视觉系统获取图像原始信息的最主要部分,最常用的是CMOS相机和CCD相机,同时为了获取图像的光谱信息可以使用近红外和高光谱相机等,少数研究使用了双目相机、3CCDRGD、3D摄像机、深度相机等。

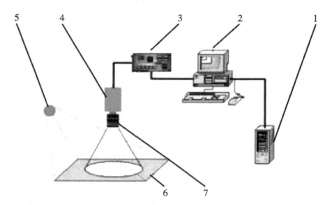

1. 光源;2. 相机;3. 采集卡;4. 计算机;5. 执行机构;6. 检测目标;7. 镜头

图2-18 图像采集系统

(2)图像预处理。植物的图像信息获取以后需要进行预处理,预处理包括图像增强及颜色转换等。图像增强是用于增强和调整原始图像的对比度以解决诸如光照和阴影的亮度问题的可变性的过程。颜色转换可以根据不同的目的转换,例如,分析目标颜色时候可以转换成RGB颜色空间，分析亮度饱和度就要转换成HSV颜色空间，分析处理对光照变化敏感的图像就转换成HIS颜色空间等。图像归一化处理和滤波也是图像增强的主要方式。图像归一化是指对图像进行一系列标准的处理变换，使之变换为一固定标准形式的过程，能避免由于光线不均匀而产生的干扰。图像滤波包括图像平滑和锐化、噪声消除、分辨率增强和缩小、边缘检测等。均值滤波、中值滤波、双边滤波、高斯滤波是常用的几种滤波方法。上述滤波方法的特点如表2-1所示。考虑到作业环境的复杂性，植物必须从土壤背景中分割出来，因为错误分割会严重影响苗草检测的准确性。植物图像成像分割已经通过文献中的不同基于点进行了考虑，可以根据所使用的具体差异化方法进行分类：基于颜色、基于特定阈值、基于学习、基于小波、基于边缘检测等。

表2-1 常用滤波方法的特点

滤波方法	特点
均值滤波	对高斯噪声表现较好，对椒盐噪声表现较差，不能很好地保护图像细节
中值滤波	对消除椒盐噪声非常有效，能较好地保护图像的边缘
双边滤波	考虑了图像像素间的几何距离和色彩距离，既能够去除噪声，又能进行边缘保护
高斯滤波	适用于消除高斯噪声，但会导致图像像素移位

（3）图像特征提取。进行作物与杂草的特征提取和特征处理是提高识别准确率的关键。对植物图像常提取的特征有颜色、纹理、光谱、高度、形态、分形维数等。其中，颜色特征是上述视觉特征中最形象的、最稳定的，对图像本身的尺寸、方向、视角的依赖性较小，从而具有较高的鲁棒性，常用的提取方法有颜色直方图、颜色矩、颜色集、颜色聚合向量以及颜色相关图等。形态特征主要包括形状特征和矩特征两种，形状特征参数主要包括面积、周长、长度、宽度等常规参数，以及无量纲形状特征参数，例如分散度、伸长度、相对面积、宽长比等。矩特征常用的有质心、朝向比、中心矩、Hμ不变距等。不同于颜色、形状特征，纹理特征通过像素及其周围空间邻域的灰度分布来表现，即局部纹理信息，而局部纹理信息不同程度上的重复性，就是全局纹理信息。其具有旋转不变性的优点，而且对噪声具有较强的抵抗力。常利用灰度共生矩阵提取植物图像的纹理特征，其特征参数有惯性矩、熵、角二阶矩、差异熵、同质性等。根据图像提取的不同特征的特点，总结出其优缺点，如表2-2所示。除了使用上述提到的各种单一特征，一些学者还尝试将多种特征综合使用，取得了一定成果。王淑芳等提取棉花和杂草的形状特征、4个方向灰度共生矩阵、HSV空间颜色特征等特征参数，平均分类准确率稳定在98%左右。Sujaritha等通过提取叶片的纹理特征，对甘蔗田中的杂草进行识别，其总体准确度为92.9%。祁力钧等通过提取棉田图像中棉花和杂草的颜色、形状、纹理等特征，对棉花和杂草进行分类，平均

识别率为98.33%。Piron等利用植物高度和光谱反射率特征相结合对作物和杂草进行分类，分类精度高达83%。

表2-2 图像不同特征的优缺点比较

特征分类	优点	缺点
颜色特征	稳定、形象、识别算法简单、鲁棒性好	识别率低
形状特征	识别算法简单，识别率高	对叶片破损和折叠等情况无法很好识别
纹理特征	识别率高，对噪声抵抗性好，旋转不变性	识别算法复杂、识别速度慢

一些研究只是简单地将特征综合，如何对融合特征进行选择和优化以及如何解决识别精度和响应时间的矛盾，依然是需要亟待解决的难题。

（4）植物分类。由于机器学习方法的出现，具有数据学习能力的分类模型被广泛的应用在杂草与作物识别，主要通过将提取的图像特征形成数据特征集合，然后使用数据特征训练模型，训练后的模型能够对不同的特征数据进行分类，实现作物与杂草的分类。传统机器学习分类可以取得较高的识别率，不足之处就是识别准确率的高低受人工特征筛选的影响，同时对图像的预处理有一定的要求。传统机器学习分类算法如表2-3所示。

表2-3 传统机器学习分类算法

种类	名称
监督学习	朴素贝叶斯
	判别分析（DA）
	k-最近邻（KNN）
	支持向量机（SVM）
	决策树（Decision Tree）
	随机森林（Random Forest）
无监督学习	k-均值聚类（KMC）
	模糊聚类（Fuzzy Clustering）
	高斯混合模型（Gaussian Mixture Model）
	主成分分析（PCA）
	隐马尔可夫模型（HMM）

由于深度学习的出现，特别是卷积神经网络，解决了传统机器学习分类方法的不足，它不再依赖人工特征筛选，而是自主地找出分类问题所需要的重要特征，减少图像预处理，大大地提高了平均识别准确率。Dyrmann等使用卷积神经网络，对22种植

物进行分类，分类准确率达到86.2%。姜红花等利用卷积神经网络，结合二进制哈希码压缩高维杂草特征数据，使田间杂草识别准确率可达98.6%，并且损失函数稳定性相较于普通模型有所提高。

基于光谱的方法简易性、实时性和经济性最好，但识别精度低，红外光谱设备成本高，因此，能精确、客观、自动识别田间杂草的基于机器视觉的识别方法成为该领域的主要识别方式。

（三）机械控制

在智能化除草机器人中，另一重要的组成部分就是控制系统，该系统性能的好坏直接影响了整个设备的工作性能。通过视觉影像技术得到的图片信息，控制系统对其运动进行控制，从而使其达到了运动除草的目的。在当前智能除草机器人当中，对该种技术的应用主要有以下两种方式。

第一种为建模分析的方式，在使用该种方式进行应用时，当图片信息进入该系统后，就会将其导入相应的三维软件中，该软件就会根据图像的信息，建立出相应的模型，然后通过该软件具有的仿真功能，模拟出农田的不同环境，并根据农田的环境，来对机器人的移动进行设计，从而使其达到移动的目的。并且在这一过程中，还会根据相应的动力学原理，对机器人运行的效果进行研究，计算出其不可测的滑移量。在计算出该数据之后，将其输送到控制器中，从而使其进一步对移动进行设计，产生出相应的补偿控制器，这时就会将其导入三维软件与商业数学软件中，利用两者来对其进行仿真。通过该仿真结果可以发现，使用该种控制方法对机器人进行控制时，效果较好，使其运行的距离更加精确，对作物产生的破坏影响较小。

第二种对数字图像处理技术进行了一定的应用。数字图形技术在智能化除草机器人中的应用，不仅可以使机器人更有效的对外部信息进行采集，而且还会加强其对环境的理解，为机器人正常的运行提供了保障。在机器人运行的过程中，主要包括了两个方面的工作内容，一个是对其自身的运动进行检测，另一个为对目标的跟踪，在使用该技术后，就能够达到这两项工作内容的要求，使机器人能够更好地对杂草进行识别，并将识别的信息输送到传感器中，其内部的执行部门就会对机器人下达准确的行动命令，从而使其安全、稳定的移动到规定的位置，之后对其除草操作进行命令，从而使其完成整个除草的工作。

以下介绍两种典型智能除草控制系统。

1. 基于STM32的控制系统

张丽慧等设计一款基于STM32的控制的智能除草机器人，以STM32单片机为控制核心。当机器人电源开启后，灰度传感器检测到路径发送信号给单片机，单片机输出指令给电机驱动模块，电机驱动模块发送高低电平至电机控制车轮转向；同时摄像头模块实时拍摄并进行图像处理，当识别到杂草并待其进入视野中央时，摄像头模块发送停车信号给单片机；单片机通过电机驱动模块控制机器人停止移动，随后控制舵机使机械臂定距夹取杂草。此外，温湿度传感器在除草机器人工作时实时采集农田里的温湿度信息给单片机进行数据处理，并在LCD显示屏上显示；最后除草机器人在农田巡逻完毕后单片机会控制蜂鸣器发出警报。

2. 基于Arduino平台的控制系统

兰州理工大学的许杰等人设计一款新型果园除草机器人，其设计原理为：行走电机驱动机器人沿果树行间直线行走，行驶到每行的尽头或检测到障碍物时，远程控制转向和行走电机共同作用完成转向或避障，转角电机不动作时为割草作业，转角电机正转调整为断根除草作业。除草的功能通过除草电机带动刀的高速转动完成。电池组连接在Arduino单片机上为机器人行走和除草提供能量。果园除草机器人控制系统主要包括Arduino主控板电机驱动、避障检测、报警输出、无线遥控和软件程序。

除草机器人控制系统的Arduino主控板中嵌入已经编写好的控制程序，系统工作时，由人工手持遥控器，通过压遥控器的电机控制键，发送出无线电信号。无线电模块接收到激励信号后传输给主板。主板在程序的控制下，进行判断，识别输出需要执行的动作，然后给驱动模块发送脉冲信号，从而驱动相应的电机转动，来完成行走、转向、除草的功能。

系统工作时，障碍物检测模块控制口发出一个高电平信号，定时器开始计时，信号波触碰到障碍物后返回接收口，接收口变为低电平信号后读取定时器的值，由读取的测距时间值便可计算出距离。如此不断的周期检测，得到移动测量的值。

检测模块不断地测量障碍物与机器人之间的实时距离，当距离等于设定的安全函数值时，发出数字信号到报警器，报警器接收到信号后发出声音报警，距离越近报警声音越快，作业人员听到报警后，使用远程操控器控制机器人完成避障作业。

（1）Arduino主控板。Arduino是一款便捷灵活、方便上手的开源电子原型平台，包含硬件（各种型号的Arduino板）和软件（ArduinoIDE）。能通过各种各样的传感器来感知环境，通过控制灯光、马达和其他的装置来反馈、影响环境。UNO系列与其他产品相比兼容性好，功能强大，可选用ArduinoUNO系列。

（2）避障模块。障碍物检测有接触式和非接触式两种，接触式需要使用机械结构，会增大机器人的外形尺寸，不采用；非接触式的有红外线传感器、超声波传感器、激光传感器等，其中红外检测容易受到日光或者其他相近波长光源的干扰，激光检测易受到烟雾、灰尘、雨滴的干扰，超声波由于其频率高、波长短、绕射现象小，特别是方向性好而被广泛应用。超声波测距仪使用附近物体反射回来的高频声波来计算它们之间的距离。有些超声波传感器需要一个微处理器来发送和接受传感器信号，而另一些传感器则在传感器内部计算距离，并且产生一个易于被Arduino读取的与路基或正比例的输出信号。报警装置作为避障模块的一部分，对机器人能否避开障碍物有关键作用。

（3）电机驱动模块。因为果园除草机器人在每行果树的尽头要完全转向，需要行走和转向电机，因此必须使用全H桥，可选用L298N电机驱动模块，其可单独控制两台直流电机或一台步进电机进行正反向控制。

（4）无线电通信模块。采用Zigbee无线通信协议作为无线数据连接，能够同时发送和接收数据，可选用XbeeSC2无线电模块。

第三节　其　他

一、无损检测技术

水果无损检测是指在不破坏被检测水果的情况下，应用一定的检测技术和分析方法对水果的内在品质和外在品质加以测定，并按一定的标准对其作出评价的过程。水果的外形、缺陷、颜色、成分等品质用传统的检测方法难以实现无损、在线检测。因此，研究快速、高效、精确的水果品质检测技术，对提高水果交易价格具有十分重要的现实意义。无损检测技术是一门发展速度很快的综合工程学科，无损检测技术已经成为衡量一个国家或者地区工业发展水平的重要标志。果蔬品质检测技术对水果和蔬菜的生产和消费都十分的重要，一直都是农业工程领域的重要研究课题。无损检测相对外部品质，对于果蔬的内部品质，像成熟度、糖含量、脂含量、内部缺陷、组织衰竭要难得多。基于外部和内部的品质参数，其无损检测可以大致按照其品质进行内部检测和外部检测。检测方法归纳如下。

（一）利用果蔬产品的电学特性

果蔬的一些介电参数与其内部品质有一定的相关性，并且介电参数的测量结果与所选择的测试频率有着密切的关系，Nelson等以1～5MHz频段的电容测量法分别针对单个大豆、枣椰子和美洲山核桃进行测量研究，结果表明介电常数随果蔬种类的不同而不同，但是在某频段范围内，所测试果蔬的介电常数随频率的增加而均匀稳定地减少，介质损耗随频率的增加而呈减小趋势。一些学者也曾对苹果、梨的电学特性与新鲜度的关系进行研究，随着水果新鲜度的降低，在切片阻止腐烂或损伤与非腐烂或无损伤的两种情况下，它们的电学特性呈相反的变化，在切片阻止已有腐烂或损伤的情况下，其等效阻抗值显著地比新鲜的正常果肉要小，而相对介电常数及损耗因数则比正常组织要大。结果表明，水果的电学特性参数与水果品质密切相关，为实现水果在线无损品质检测和自动分级奠定了理论基础。由于电学特性法是利用水果本身在电场中介电参数的变化来反映水果的品质，测定的是水果的综合品质，而且所用的设备相对简单，信号的获取和处理比较容易，因此有着广阔的应用前景。

（二）利用果蔬产品的光学特性

近红外光谱技术是一种便捷、快速、多组分同时测定的手段，它通过光谱反映样品的基团、构成或者物态信息，与化学计量法测得的组分、性质数据进行参比，建立校正模型，然后通过建立的校正方程对未知样品的组成和性质进行快速的预测。由于水果或蔬菜的内部成分及外部特性不同，在不同波长的射线照射下，会有不同的吸收或反射特性，且吸收量与果蔬的组成成分、波长及照射路径有关。当一束光照射到水果表面时，一部分光从水果表面反射回来，另一部分被水果的不同组织成分吸收，吸收量与水果的组织成分、波长及照射路径有关。水果的反射特性取决于入射光和水果的光学特性，因此可以将待测样品及标准样品的透过或反射光由光电管等检测，经放大A/D转换后输入内置CPU，计算出反射率透光率，再进行果实正常部分和损伤部分的灰度对比，从而可检测出水果品质。根据这一特性结合光学检测装置能实现水果和蔬菜品质的无损检测。近红外光谱分析主要分为定量分析和定性分析，在果品中近红外定量分析主要集中在果实质地、营养成分等方面，定性分析则主要针对果品品种、产地、病害等方面。总的来说，利用果蔬的光学特性是无损检测与分拣技术中最实用和最成功的技术之一，具有适应性强、检测灵敏度高、对人体无害、使用灵活、设备轻巧、成本低和易实现自动化等优点，目前国内外逐步进入实际应用阶段。

（三）利用果蔬产品的声波振动特性

农产品的声学特性是指农产品在声波作用下的反射特性、散射特性、透射特性、吸收特性、衰减系数、传播速度及其本身的声阻抗与固有频率等，它们反映了声波与农产品相互作用的基本规律。农产品声学特性的检测装置通常由声波发生器、声波传感器、电荷放大器、动态信号分析仪、微型计算机、绘图仪或打印机等组成。检测时，由声波发生器发出的声波连续射向被测物料，从物料透过、反射或散射的声波信号，由声波传感器接收，经放大后送到动态信号分析仪和计算机以进行分析，即可求出农产品的有关声学特性。

利用水果声学特性对其进行无损检测的方法，具有适应性强、检测灵敏度高、对人体无害、使用灵活、设备轻巧、成本低和易实现自动化等优点，但声学技术只适用于具有一定硬度或脆度的农产品的检测，而对于某些较为柔软、敲击或碰撞时不易产生声音且易受损的农产品则不适用，对于果皮和果肉硬度差异较大的农产品也不适用。另外，在敲击或碰撞产生声音信号的过程中并不能保证完全的无损，因此在农产品的检测中存在极大的局限性。

（四）利用核磁共振技术

核磁共振技术是质子在磁场中通过能级变化产生运动，是一种高效且无损伤的新型检测方法，核磁共振成像（NMRI）是一种质子自旋成像技术。核磁共振是处于某一磁场的原子核在外磁场的作用下产生的物理反应，某些质子例如氢质子，本身具有自旋效应，所以它具备产生核磁共振现象的能力。在外磁场作用下，自旋核会吸收某一特定频率的能量，从低能级跃迁到高能级。核磁共振（NMR）是一种探测浓缩氢质子的技术，它对水、脂的混合团料状态下的响应变化比较敏感。研究发现，水果和蔬菜在成熟过程中，水、油和糖的氢质子的迁移率会随着其含量的逐渐变化而变化。另外，水、油、糖的浓度和迁移率还与其他一些品质因素诸如机械破损、阻止衰竭、过熟、腐烂、虫害及霜冻损害等有关。基于以上特点，通过其浓度和迁移率的检测，便能检测出不同品质参数的水果。核磁共振技术准确性高，可多参数、多层面成像，且快速、无损等优点。

从目前的研究现状来看，核磁共振技术还存在一些局限性。例如，目前利用NMRI检测农产品主要应用于常规营养成分，如糖类、油脂、蛋白质等成分的分析与检测，而对复杂成分，如色素、多酚等成分的分析应用较少。另外，核磁共振设备比较昂贵，而且受核磁数据分析的专业性和复杂性的影响，核磁共振技术在农产品无损检测方面应用有很大限制。

（五）利用智能感官仿生技术

智能感官仿生技术是利用现代信息技术和传感技术模仿人或动物的视觉、听觉、味觉和嗅觉等感觉行为，自动获取反映被检测对象品质特性的信息，并模拟人对信息的理解和判别对所获取的信息进行处理的技术。在水果品质检测领域常见的主要有机器视觉技术、电子鼻技术和嗅觉可视化技术等。

机器视觉技术对果蔬的外部品质鉴定具有较好的实际效果，能够快速无损地对蔬菜的大小、是否畸形等作出鉴别，为果蔬在线快速分级作出依据，随着消费者对果蔬的外观品质要求越来越严格，机器视觉应用于果蔬的外部品质检测具有重要的实际价值。

电子鼻技术在果品成熟度检测，货架期预测，品种分类及危害分析中都有应用。对很多水果和蔬菜来说，芳香是一种重要的品质属性。绝大多数电子鼻使用一种组合传感器，每个传感器对气体中的一种或多种成分有高度的敏感性。由于其传感器的特性及气体采集方式的限制，电子鼻在商业上应用规模较小。随着传感器技术的发展，电子鼻有着更广阔的未来，在水果检测中也将发挥重要的作用。

（六）X射线技术

X射线是人们肉眼看不见的一种射线。它主要是依靠其穿透作用与被测物体之间发生复杂的物理和化学作用，可以使某些化合物产生荧光或者光化学作用，也能使某些原子发生电离。在农产品中，如大多数蔬菜、水果等可以利用X射线发射的短波射线发现被检测对象内部信息，再与数字图像处理技术相结合分析得出农产品内部缺陷、损伤、病虫害等信息，从而实现无损检测。

（七）利用撞击技术

一个弹性球体撞击一个刚性表面的反作用力与撞击的速率、质量、曲率半价、弹性系数和球体的泊松比等有关。研究发现，水果对刚性表面的撞击基本上能用弹性球体进行模拟，水果的硬度对撞击的反作用力有直接的影响。Nahir等就探讨了当番茄从70mm高度掉在刚性表面时，其反作用力与水果的质量及硬度之间的紧密关系，并基于质量和颜色研制了一种分选番茄的试验机器，通过对水果反作用力的测量与分析，能分选出番茄。Ruiz-Altisent等研制出一套试验系统，利用撞击参数把水果（苹果、梨子）分成不同的硬度级别。Chen等人使用一个低质量的撞击物进行研究，结果产生以下期望的特征，它提高了被测加速度信号的强度，提高了计算出的硬度指数量级和硬度指数随水果硬度的变化率（硬度指数对水果硬度的变化是十分敏感的），减小了由于水果在撞击过程中的运动而导致的误差，减小了由于水果被撞击而导致的损伤并且可以使感应效率更高，基于这些发现，他们研制出了一种低质量高速的撞击传感器，用来测量桃子的硬度，获得了很好的效果。

（八）利用其他方法

除此之外，还常利用密度、硬度及强制变形等技术方法对果蔬进行无损检测与分选。很多水果和蔬菜的密度随着成熟度的提高而提高，但某些类型的损害和缺陷，如柑橘类的霜冻伤害、水果的病虫害、番茄的虚肿以及黄瓜和马铃薯的空心等导致其密度减小，找出密度与其品质之间的相关性，使可以利用密度对其进行无损检测。Zaltzman等人基于农产品的密度与其品质的相关性，设计了一套引水设备装置，能够以5t/h的速度把马铃薯从土块和石头中分选出来，达到99%的马铃薯命中率及100%的土块和石头排除率。很多水果的硬度与其成熟度也有关，一般水果和蔬菜的硬度随其成熟度的提高而逐渐降低，成熟时，将会急剧降低。过熟的和损坏的水果则变得相对柔软，因此根据硬度不同，可以把水果和蔬菜分成不同的成熟等级。或把过熟的和被损坏的水果加以剔除，这方面的技术已经投入生产应用。Takao研制了强制变形式的硬度测量装置（因其能估测水果的硬度、未成熟度和纹理结构而被命名HIT计算器）。Bellon等发明了一种微型变形器，它能以92%的准确率把桃子分成质地不同的3种类型。Armstrong等研制了一种能自动无损伤检测一些诸如蓝浆果、樱桃等小型水果硬度的器械，它是把整个水果夹在两个平行盘之间，利用强制偏差测量法进行测量，并配合自动数据采集和分析等方法，测量速率能够达到25个/min。另外，多数水果和蔬菜能够被γ射线这种短波辐射穿透，穿透的程度主要取决于其品质密度与吸收系数，因此，基于这种特性，γ射线技术能够与其密度相关联的品质参数进行检测。

二、农业物联网技术

（一）传感与识别技术

1.自动识别技术

（1）条形码识别技术。条形码是一种二进制代码，是由一组规则排列的条、空及相应的数字组成的识别系统，条和空的不同组合代表不同的符号，以供条形码识别器读出。其对应的字符是一组阿拉伯数字，人们可直接识别或通过键盘向计算机输入数据使用，二者表示信息相同。条形码的编码规则必须满足唯一性、永久性和无含义。条形码的编码方法称为码制，常用的码制有EAN条形码、UPC（统一产品代码）条形码、二五条形码、交叉二五条形码、库德巴条形码、三九条形码和128条形码等。此外，还有二维条形码，即用某种特定的几何图形按一定规律在平面（二维方向上）分布的黑白相间的图形记录数据符号信息。二维条形码的优点是：一是数据容量大；二是数据类型增加，超越了字母和数字的限制；三是空间利用率高；四是保密性和抗损能力提高。

（2）磁卡识别技术。磁卡是一种卡片状的磁性记录介质，利用磁性载体记录字符与数字信息，实现数据的读写操作。信息通过各种形式的读卡器，从磁条中读出或写入磁条中；读卡器中装有磁头，可在卡上写入或读出信息。磁卡由高强度、耐高温的塑料或纸质涂覆塑料制成，能防潮、耐磨且有一定的柔韧性，携带方便、使用较为稳定可靠。磁卡识别技术的优点，一是数据可读写；二是数据存储量能满足大多数需求，便于使用；三是成本低；四是具有一定的数据安全性。其缺点是：由于磁卡属于接触式识别系统，灵活性差。磁卡用途极为广泛，可用于制作信用卡、银行卡、公共交通卡等领域。

（3）IC卡识别技术。IC卡又称集成电路卡，是一种数据存储器系统，它是在大小和普通信用卡相同的塑料卡片上嵌置一个或多个集成电路构成的。工作时，将IC卡插入阅读器，阅读器的接触弹簧与IC卡的触点产生电流接触，阅读器通过接触点给IC卡提供能量和定时脉冲。集成电路芯片可以是存储器或微处理器。带有存储器的IC卡又称为记忆卡或存储卡，带有微处理器的IC卡又称为微处理器卡。记忆卡可以存储大量信息；微处理器卡不仅具有记忆能力，而且还具有处理信息的功能。

（4）光学符号识别技术。光学符号识别技术是指电子设备（例如扫描仪或数码相机）检查纸上打印的字符，通过检测暗、亮的模式确定其形状，然后用字符识别方法将形状翻译成计算机文字的过程，即针对印刷体字符，采用光学的方式将纸质文档中的文字转换成为黑白点阵的图像文件，并通过识别软件将图像中的文字转换成文本格式，供文字处理软件进一步编辑加工的技术。

（5）射频识别技术。射频识别技术，又称无线射频识别，是一种通信技术，俗称电子标签。可通过无线电信号识别特定目标并读写相关数据，而无须识别系统与特定目标之间建立机械或光学接触。

（6）生物特征识别技术。生物识别技术是指利用某种生物体不会被混淆的特征来识别不同生物的方法。生物特征识别技术就是通过计算机与光学、声学、生物传感器和生物统计学原理等高科技手段密切结合，利用人体固有的生理特性和行为特征来进行个人身份的鉴定。每个个体都有唯一的可以测量或可自动识别和验证的生理特性或行为方式，即生物特征。它可划分为生理特征（如指纹、面像、虹膜、掌纹等）和行为特征（如步态、声音、笔迹等）。生物识别就是依据每个个体之间独一无二的生物特征对其进行识别与身份的认证，其优点是安全性好、保密性好、防伪性高，难以复制。

2. 传感技术

传感技术广义上为信息采集技术，是信息技术的基础。传感器是一种能把特定的被测量信息（物理、化学、生物等），按照一定的规律转换为便于处理、传输存储、显示、记录和控制输出的器件或装置。

传感器一般由敏感元件、传感元件、测量电路和辅助电源4部分组成，如图2-19所示。敏感元件指传感器中能直接感受被测非电信号，并将非电信号按照一定的对应关系转换为易于转换为电信号的另一种非电量信号的元件；传感元件是能将敏感元件输出的非电信号或直接将被测非电信号转换为电信号输出的元件，又称转换元件或变换器。测量电路是能将传感元件输出的电信号转换为便于显示、记录、处理和控制的有用电信号的电路，又称为转换电路。辅助电源为传感元件和测量电路提供能量。

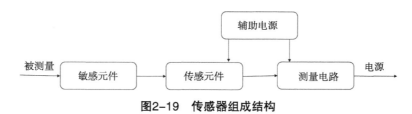

图2-19 传感器组成结构

3. 传感网

无线传感器网络（Wireless Sensor Networks，WSN）是一种分布式传感网络，它的末梢是可以感知和检查外部世界的传感器，以协作地感知、采集、处理和传输网络覆盖地理区域内被感知对象的信息，并最终把这些信息发送给网络所有者的，如图2-20所示。WSN中的传感器通过无线方式通信，因此网络设置灵活，设备位置可以随时更改，还可以跟互联网进行有线或无线方式的连接。通过无线通信方式形成的一个多跳自组织的网络。传感器网络实现了数据的采集、处理和传输3种功能。它与通信技术和计算机技术共同构成信息技术的三大支柱，其主要特点如下。

图2-20　WSN典型结构

（1）大规模。为了获取精确信息，在监测区域通常部署大量传感器节点，可能达到成千上万，甚至更多。传感器网络的大规模性包括两方面的含义：一方面是传感器节点分布在很大的地理区域内，如在原始大森林采用传感器网络进行森林防火和环境监测，需要部署大量的传感器节点；另一方面，传感器节点部署很密集，在面积较小的空间内，密集部署了大量的传感器节点。

传感器网络的大规模性具有如下优点：通过不同空间视角获得的信息具有更大的信噪比；通过分布式处理大量的采集信息能够提高监测的精确度，降低对单个节点传感器的精度要求；大量冗余节点的存在，使得系统具有很强的容错性能；大量节点能够增大覆盖的监测区域，减少洞穴或者盲区。

（2）自组织。在传感器网络应用中，通常情况下传感器节点被放置在没有基础结构的地方，传感器节点的位置不能预先精确设定，节点之间的相互邻居关系预先也不知道，如通过飞机播撒大量传感器节点到面积广阔的原始森林中，或随意放置到人不可到达或危险的区域。这样就要求传感器节点具有自组织的能力，能够自动进行配置和管理，通过拓扑控制机制和网络协议自动形成转发监测数据的多跳无线网络系统。

在传感器网络使用过程中，部分传感器节点由于能量耗尽或环境因素造成失效，也有一些节点为了弥补失效节点、增加监测精度而补充到网络中，这样在传感器网络中的节点个数就动态地增加或减少，从而使网络的拓扑结构随之动态地变化。传感器网络的自组织性要能够适应这种网络拓扑结构的动态变化。

（3）动态性。传感器网络的拓扑结构可能因为下列因素而改变：环境因素或电能耗尽造成的传感器节点故障或失效；环境条件变化可能造成无线通信链路带宽变化，甚至时断时通；传感器网络的传感器、感知对象和观察者这3要素都可能具有移动性；新节点的加入。这就要求传感器网络系统要能够适应这种变化，具有动态的系统可重构性。

（4）可靠性。WSN特别适合部署在恶劣环境或人类不宜到达的区域，节点可能工作在露天环境中，遭受日晒、风吹、雨淋，甚至遭到人或动物的破坏。传感器节点往往采用随机部署，如通过飞机撒播或发射炮弹到指定区域进行部署。这些都要求传感器节点非常坚固，不易损坏，适应各种恶劣环境条件。

由于监测区域环境的限制以及传感器节点数目巨大，不可能人工"照顾"每个传感器节点，网络的维护十分困难甚至不可维护。传感器网络的通信保密性和安全性也十分重要，要防止监测数据被盗取和获取伪造的监测信息。因此，传感器网络的软硬件必须具有鲁棒性和容错性。

（5）以数据为中心。互联网是先有计算机终端系统，然后再互联成为网络，终端系统可以脱离网络独立存在。在互联网中，网络设备用网络中唯一的IP地址标志，资源定位和信息传输依赖于终端、路由器、服务器等网络设备的IP地址。如果想访问互联网中的资源，首先要知道存放资源的服务器IP地址。可以说现有的互联网是一个以地址为中心的网络。

传感器网络是任务型的网络，脱离传感器网络谈论传感器节点没有任何意义。传感器网络中的节点采用节点编号标志，节点编号是否需要全网唯一取决于网络通信协议的设计。由于传感器节点随机部署，构成的传感器网络与节点编号之间的关系是完全动态的，表现为节点编号与节点位置没有必然联系。用户使用传感器网络查询事件时，直接将所关心的事件通告给网络，而不是通告给某个确定编号的节点。网络在获得指定事件的信息后汇报给用户。这种以数据本身作为查询或传输线索的思想更接近于自然语言交流的习惯。所以通常说传感器网络是一个以数据为中心的网络。例如，在应用于目标跟踪的传感器网络中，跟踪目标可能出现在任何地方，对目标感兴趣的用户只关心目标出现的位置和时间，并不关心哪个节点监测到目标。

4. 物联网网关节点

网关（Gateway）又称网间连接器、协议转换器，网关在传输层上实现网络互连，是最复杂的网络互连设备，仅用于两个高层协议不同的网络互连。网关的结构也和路由器类似，不同的是互连层。网关既可以用于广域网互连，也可以用于局域网互连。网关是一种充当转换重任的计算机系统或设备。在使用不同的通信协议、数据格式或语言，甚至体系结构完全不同的两种系统之间，网关是一个翻译器。与网桥只是简单地传达信息不同，网关对收到的信息要重新打包，以适应目的系统的需求。同时，网关也可以提供过滤和安全功能。

（二）物联网云平台

设施蔬菜物联网平台致力于为设施蔬菜生产领域提供一个开放或半开放的物联网云服务平台。通过这个平台，农业生产者或企业用户可以非常轻松地把自己的物联网项目连接到互联网上，用户可借助智能手机、平板电脑、电脑等终端实现农业生产现场数据实时监测、智能分析、远程控制，并通过视频等设备实时监控农业生产现场情况。设施蔬菜物联网平台系统架构由数据层、处理层、应用层、终端层组成。数据层负责农业生产现场采集数据及生产过程数据的存储；处理层通过云计算、数据挖掘等智能处理技术，实现信息技术与行业应用融合；应用层面向用户，根据用户的不同需求搭载不同的内容。

系统总体体系架构如图2-21所示。

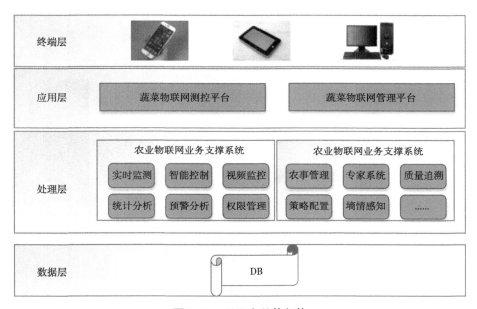

图2-21　云平台总体架构

在应用层，按照用户需求及系统规模的不同，将设施蔬菜物联网云平台分为测控平台和管理平台两种类型。

1. 设施蔬菜物联网测控平台

借助"物联网、云计算"技术，实现对蔬菜产业生产现场环境/作物生理信息的实时监测、视频监控，并对生产现场光、温、水、肥、气等参数进行远程调控，登录界面如图2-22所示。蔬菜物联网测控平台可帮助农业生产者随时随地地掌握蔬菜作物的生长状况及环境信息变化趋势，为用户提供高效、便捷的蔬菜生产服务。

设施蔬菜物联网测控平台具有地图模式、场景模式、分析模式、综合模式4种不同模式以实现以下功能。

（1）数据监控。随时了解蔬菜生产现场气象数据、土壤数据、作物生理数据、各种设备运行状态。

（2）视频监控。通过360°高清视频监控设备对农业生产现场进行实时监控，对作物生长情况进行远程查看，同时可对视频进行录像、随时回放、截屏操作。

（3）远程控制。采用智能化远程控制系统，远程调控生产现场光、温、水、肥、气参数。

（4）报表服务。可查看园区内所有设备数据情况，可按日、周、月等时间段或自定义时间段查看数据报表，支持Excel表格导出、图片导出、报表打印，方便企业的人员管理。

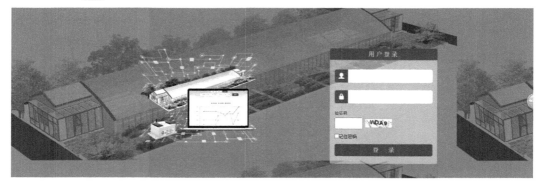

图2-22　蔬菜物联网测控平台

2.设施蔬菜物联网管理平台

基于蔬菜物联网测控平台的搭建，扩充蔬菜种植生产管理功能及数据分析功能，切实将数据与蔬菜生产联系在一起，登录界面如图2-23所示。蔬菜物联网管理平台通过对数据的分析、评价，为管理者提供更好的管理支持。

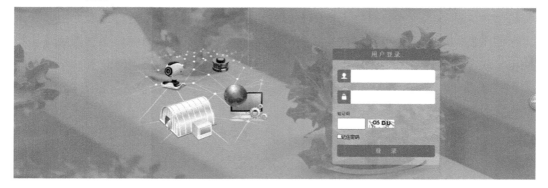

图2-23　蔬菜物联网管理平台

设施蔬菜物联网管理平台不仅拥有"蔬菜物联网测控平台"中数据测控、视频监控、远程控制、报表服务功能，还拥有以下功能。

（1）综合评价。结合作物生理习性对采集参数进行评价，并给出综合适宜度评价指数。

（2）农业知识。建立智能农业知识库，提供农事指导、病虫害防控等知识，为蔬菜标准化生产提供必要支撑。

（3）水肥一体化。测土施肥与水肥一体控制，实现按需施肥与精准施肥。

（4）生产管理。功能完整记录农产品从生产到销售各个关键环节的数据。

（5）生产档案。产品追溯功能提供涵盖产前、产中、产后的农产品质量安全全过程追溯服务，提升企业的信誉和品牌。

第三章　果蔬智能作业技术与装备

第一节　田间管理智能技术与装备

一、喷药机器人

（一）技术需求

目前，果蔬种植中，防治病虫草害的有效办法有生物防治、物理防治、化学防治以及综合防治等。其中，使用最多的是化学防治的方法，即喷洒农药，化学防治具有诸多优点：防治效果显著，可用于病虫害发生前的防御，也可用于病虫害防治后的治理；便于机械化作业，使用效率可大幅提高；针对不同的病虫害，几乎都可找到相应的化学药剂进行抑制或杀除；尤其是针对大面积暴发性的病虫草害，能够做到快速和有效控制，因此普遍得到应用，在防治病虫草害方面起着不可替代的作用。但喷洒农药也具有很多缺点，那就是耗费人力。目前市面上手持式和背负式喷药机满载重高达40kg，人工无法长时间操作机器；操作人员易中毒。由于药液易在田间扩散，人员在未完全保护的情况下容易吸附农药颗粒，人工喷药使用不当就会造成人或者动物中毒；喷洒效果较差。操作人员对热雾机性能理解的差异性和工作疲劳度等不同，都容易造成对喷药机使用情况的差异，最终无法保证喷药的效果。

因此，传统的喷药机械和喷药技术不仅作业效率低，而且使作业者劳动强度大、所受危害大，也导致了农药残留、利用率低以及农药的大量浪费，而自动喷药机器人在作业时不需要人工控制，这样不仅使工作人员避免了农药的伤害，还可以一人同时管理多台机器人，提高了工作效率。喷药机器人作为一种能在一定程度上代替人工作业的智能机器，它集人工智能技术、传感技术、图形识别技术、通信技术、精密及系统集成技术等多种前沿科学技术于一体，代表了智能农业装备目前的最高水平。在农业植保机械领域中，喷药机器人在提高作业效率，解决劳动力不足问题等方面显示出极大的优越性，前景广阔。

（二）研究现状

1. 国外研究现状

2009年，美国凯斯（Case）公司研发的"爱国者"3230型喷药机，如图3-1所示，适用于地块稍小、需要更高灵活性的中型农场。该机整体布局合理，质量分配平衡，可减小土壤压实，潮湿地面能提前1~2d下地作业。其参数为：药罐容积3 028L，喷杆长度27.4m，喷药高度在48~213cm，额定功率161.7kW（220hp）。该机可选装AFS自动导航系统实现全自动转弯，选装AIMCOMMAND系统，实现2~24GPa（兆帕）范围恒压精量喷药。"爱国者"系列3230、4420和3330型3款机型，已在世界各地推广开来。

图3-1　凯斯"爱国者"3230型喷药机

为提高作业效率，2014年美国约翰迪尔（John Deere）公司以4720型喷药机为基础，改进开发了4630型自走式喷药机，如图3-2所示。该机装配变量静液压传动系统，可根据负载感应压力、流量进行液压补偿，保障喷杆、行走马达及其他液压部件的压力流量稳定性，从而控制喷药精度；其额定功率约为127kW，配有3个喷药速度范围，1个运输速度范围，施肥喷药速度达32km/h；地隙1.32m，悬挂系统行程较之前提高21cm；同时，搭载迪尔绿色之星2农业生产管理系统（AMS），实现自动驾驶、导向喷药以及变量喷药。

图3-2　约翰迪尔4630型喷药机

2014年，约翰迪尔公司设计的新型R4038自走式喷药机，如图3-3所示，具有"田间巡航"作业功能，额定功率为228kW。四轮采用气囊减震系统、独立悬挂和装有气垫式弹簧，可自动调整平衡，轮距可在3 048～3 861mm范围调整。采用StarFireRTK系统时，作业精度为2.54cm。其药罐容量为3 785L，喷嘴距地面高度在684～2 197mm，喷杆最长可达36m，喷洒时喷嘴距喷洒面的高度在457～559mm。

图3-3　约翰迪尔R4038型喷药机

2. 国内研究现状

王杰等人从风机的性能、模拟及试验研究方面分析了喷药机器人专用风机的研究现状，蔡晨等研制出了小型助力推车式果园喷雾机，邱白晶等对变量喷雾技术进行了研究分析。此外，在植保机械的喷雾机性能关键技术、动力底盘、喷雾机喷杆结构优化、喷雾机机架减震设计、自动对靶喷雾控制系统、远程控制系统设计等方面亦进行了大量研究试验。

马伟等人研制了变量喷药机器人，如图3-4所示，机器人替代人在温室高温高湿环境中进行喷药作业，采用风送方式作业能够提高施药雾滴均匀性，增大覆盖范围，非常有助于设施环境的施药作业，减轻劳动强度同时提高施药精度，保护作业人员健康同时节省农药用量。

北京工业大学研制出智能喷药机，它能够实现设施内精良施药的无人化操作，可借助超声波传感器，自动探测目标喷洒区域范围，实现精准喷药，节省成本，提高施药精度；能自动适应番茄、辣椒等高秆作物，最大限度地利用农药资源，节省药液。

山东鲁虹农业科技股份有限公

图3-4　变量喷药机器人

司研发的四轮驱动遥控无人植保机器人，如图3-5所示，载重为100kg，具有远程遥控、小电流、大扭力，续航时间长，轮距宽度、车身高度、喷杆高度及喷头方向均可调节等特点，能有效降低劳动强度及成本。据介绍，"智慧蛙"机身轻巧，到地里打药基本不轧庄稼，遥控操作简单、轻松、无风险。其次，"智慧蛙"适用范围广，在作物各个生长阶段都适用。

图3-5　无人植保机器人

山东金亮机械股份有限公司开发的智能喷药机器人——遥控自走式弥雾机，如图3-6所示，采用履带式底盘；实现了远程遥控；采用油电混合动力，低速电驱，高速油动；药箱容量最大80L，具有药水短缺的报警装置。其优点是履带底盘，适合多种地形作业，爬坡能力强；实现了远程遥控功能，遥控距离可达500m；喷雾高度可调，缺点是没有自主导航功能；耗电量大；只有2个喷头，只能实现2个方向的喷药，喷洒效果不均匀。

图3-6　遥控自走式弥雾机

　　临沂瓦力机械设备有限公司开发的智能喷药机器人——迷你履带式遥控风送动力喷雾机，如图3-7所示，具有遥控自走式、手控自走式、乘坐自走式3种行走方式；采用履带底盘；可配置半圆形多喷头喷雾作业、龙门架吊杆喷雾作业、手持喷枪3种喷雾作业方式。其优点是行走方式和喷雾方式多样可选择，适用范围广，缺点是没有自主导航功能。

图3-7　智能喷药机器人

（三）总体方案及设计原则

　　喷药机器人主体由移动平台、喷药机构及辅助系统构成。移动平台包括惯性导航系统、卫星定位装置、控制系统及通信系统，辅助设备有遥控器、通信基站及能源系统，如图3-8、图3-9所示。

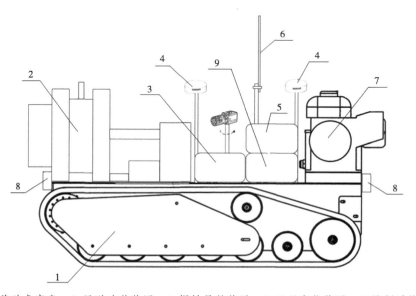

1.移动式底盘；2.风送喷药装置；3.惯性导航装置；4.卫星定位装置；5.控制系统；
6.远程通信装置；7.能源动力系统；8.雷达避障装置；9.状态感知系统

图3-8　喷药机器人结构示意

移动平台可自主完成在果树行间的前进、后退、转向等动作，并可与遥控器、云平台实时进行数据和视频传输。喷药装置及能源系统均固定安装在移动平台上并随着移动平台的移动而移动，喷药机器人在作业时，移动平台可以在果园间自主移动，移动过程中喷药装置喷射药液，实现自主喷药作业。

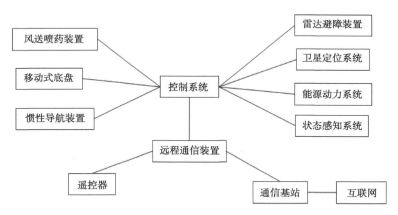

图3-9　控制系统的连接关系示意

喷药机器人的系统要求是根据不同的田间环境，可调节机械结构，用以适应不同垄的间距，作物的生长高度；控制系统控制整机的运行，控制喷洒精度、流量，系统运行状态，智能避障，报警等功能，其设计原则如下。

（1）机械结构满足行走、转弯、后退、越障所需要的动力；机械结构满足受力强度；机械结构实现适应不同的田间垄的间距；喷药机构保持足够的稳定性，以适用在行进过程中不平的路线。

（2）设计遥控模式、学习模式、导航模式3种模式。

（3）实现路径储存、路径规划、断点续喷、断电保护、自动数据记忆恢复等功能。

（4）具有故障报警、信息显示、智能保护功能。

（5）实现智能避障功能。

（四）移动平台

惯性导航系统由stm32微处理器和MEMS陀螺仪组成，stm32微处理器与控制系统连接，对MEMS陀螺仪发出的信号处理并传递至控制系统，惯性导航系统可以确保机器人在果园内因树冠遮挡等导致间歇性卫星失联时也能正常导航。

卫星定位装置采用GPS接收机，通信基站接收机型号为上海司南M300，移动端接收机型号为上海司南M600U，配套双卫星天线和卫星定位基站，实现高精度差分定位；上海司南AT340双卫星天线用于接受导航定位卫星的定位信号，GPS接收机用于处理收到的定位信息，并解算出位置坐标。

控制系统采用ARMCorter-A53作为处理平台，利用Python及C/C++编写控制程序，连接惯性导航、卫星定位、喷药、远程通信等系统，接受和处理来自卫星定位装置、惯性导航装置等发来数据，实现机器人的驱动控制、路径学习、自主导航、喷药控制、状态感知、远程通信等功能。

通信系统采用无线网桥并配置高增益全向天线，可以通过通信基站连接至互联网，还可以通过无线连接至遥控器。通信实现信息的交互，将机器人本体的速度、位置、视频等信息通过通信基站传送至遥控器及互联网；接收遥控器及互联网的控制指令，反馈至控制系统，实现对喷药机器人的手动遥控及远程控制。

（五）喷药机构

喷药系统采用集成式多喷头风送喷药装置，由药液箱、柱塞泵、多喷头及电动风机等部分组成，喷药作业时，柱塞泵产生压力，药液经水管通过喷头以雾状喷出，风机进行二次雾化，同时将雾化后的药液送到果树冠层内。

喷头在喷雾装置中起着很重要的作用，它可以通过液体雾化后喷射在目标表面来控制喷雾量。喷头有很多种，通常情况下是为了满足3个喷雾指标：一是覆盖率（一般同等喷雾量情况下小雾滴覆盖率高于大雾滴）；二是均匀性（小雾滴的穿透性强于大雾滴）；三是漂移率（有风情况下，大雾滴的抗漂移性强于小雾滴）。为了尽量满足这3个要求，在设计方案中选用汽滴喷头，这种喷头能够产生微小气泡，从而增大了雾滴的体积，提高了抗漂移性能。虽然雾滴体积增大，但单个雾滴所包含的液体量变化并不大，雾滴在碰撞枝叶时很容易破裂成更小的雾滴，从而提高了覆盖率。

更先进的喷药机构，可以集成流量控制、对靶喷药、精准喷药等设备，实现相应的功能。

（六）辅助设备

能源系统为机器人提供能源和动力，由汽油机、蓄电池、发电机、电机等组成。

遥控器为机器人控制时使用的常规遥控器，由左摇杆、右摇杆、天线、显示屏和模式选择按钮组成。

通信基站由固定底座和立杆支架组成，立杆支架上装有无线网桥、通信天线、电台天线、卫星天线等通信设备，一般建在果园的几何中心，实现信号全覆盖。

（七）应用案例

山东省农业科学院农业物联网团队研制出国内首款进入实用阶段的果园喷药机器人，如图3-10所示。

图3-10 喷药机器人实物

该款喷药机器人技术参数如表3-1所示。

表3-1 喷药机器人技术参数

外形尺寸（mm）	2 600 × 1 200 × 1 700
结构质量（kg）	600
药箱容量（L）	350
装备总功率（kW）	16+8
最佳作业速度（km/h）	5
左右最大喷幅（m）	5.4
上部最大喷幅（m）	5
亩均作业时间（min/亩）	1.8
定位精度（cm）	±2
直线行驶精度（cm）	±10

该款果园喷药机器人具有路径学习、无人驾驶、自主导航、智能作业等特点，不仅大幅度节省人力，而且可有效避免作业人员吸入药雾产生危害，能够显著降低果园喷药作业的用工数量和劳动强度，喷药精准、节药环保，且喷药机器人在弱光或夜间条件下作业时，其作业模式、效果均与白天作业相同（图3-11）。与传统手工打药或机械辅助打药相比，劳动强度可降低90%以上，省工、省力效果显著，它具有以下功能。

在喷药作业方面，机器人采用集成式多喷头风送喷药装置，喷药距离远，雾化程度高，树冠穿透效果好，果树受药均匀。

在无人驾驶方面，机器人采用北斗定位导航技术，利用差分定位原理，并与惯性导航装置相结合，集前者的高精度和后者的稳定性等优点于一体，实现组合式导航。

在自主导航方面，创新了机器人导航模式，先使机器人通过路径学习的方式记住路径，然后根据记忆的路径进行自主导航，从而实现无人值守式的机器人喷药作业。

在智能作业方面，机器人具有状态感知和智能控制等功能，可实现调行不喷、断点续喷和夜间作业。

图3-11　在山东栖霞通达现代农业有限公司、山东樱聚缘有业科技发展股份有限公司作业现场

二、无人植保机

（一）技术需求

无人植保机是无人驾驶、远程遥控、搭载并喷洒农药、播种授粉，用于森林植物保护飞行器的简称。无人植保机一般通过地面工作者手动遥控搭载有水箱的无人机，进行洒水灌溉、喷药除病虫害等工作。这种新型的农业工作方式，一方面提高了工作效率，另一方面也避免了药剂等对农业工作者身体健康的影响。无人植保机有固定翼、单旋翼和多旋翼3种形式，分别称作固定翼植保机、单旋翼植保机和多旋翼植保机。多旋翼无人植保机具有飞行方式简单、控制方法有效、无须跑道等一系列优点，成为对生长在山区、丘陵等地带的农作物灌溉、除病虫害的一种新途径。

（二）研究现状

1. 国外研究现状

无人植保机的发展引起了社会各界的广泛关注，其中美国、日本、韩国在无人植保机这一领域发展较早。

美国的植保技术较为发达，最初的无人植保机为有人驾驶飞机，主要为退役的运输机。随着无人机技术的发展，无人植保机发展迅猛。20世纪50年代以后，美国在全国范围内推行大型农场种植业，并实现了现代化、系统化、自动化的生产模式。同时，也创建了以植保飞机和其他大中型植保机械为主要防治方式的体系。美国农用植保航空业较为发达，其植保飞机多达20多个型号9 000余架（其中13%为单旋翼直升机），占全世界所有植保机的28%。其65%的农业化学药物喷洒由飞机完成。美国无人植保机以AUH-AG210型农业无人直升机为代表，如图3-12所示，其可装载近30kg农药，以实现长时间、大面积的药物喷洒。

图3-12　美国无人植保飞机

日本的航空植保业也处于世界领先水平，自1990年起，日本就采用遥控植保飞机对农田、果园进行喷药和施肥。另外，还将植保机应用于田间状态的观测，开展合理喷药施肥和农产品质量管理，以判断农产品（以水稻为主）的生长状况。早在1987年，日本的雅马哈公司受其农业部门的委托，最先研发了R-50农用无人植保机，可搭载20kg的农药。经过20余年的不断扩张，如今的日本已拥有近3 000架农用无人植保机，也成为使用无人农用植保机的一大强国。

当前，日本无人植保机凭借其操纵性能好，设计合理，载重量大等优势远销中国、韩国、新加坡等亚洲国家。韩国农用无人直升机应用较晚，在人口老龄化的压力下，2003年韩国首次引入无人植保机。但无人植保机由于其自身优势，在韩国很快就受到了农业工作者的重视，且发展速度迅猛，至2013年已经达到500余架次。在工作过程中，每架次无人植保机年植保面积达430hm^2，占到了韩国全国年耕地面积的15%。

2. 国内研究现状

与发达国家相比，我国使用无人机进行植保的耕地面积只占总耕地面积的1.7%。我国地形较为复杂，除了平原大规模作物种植区适合大型飞机进行农药喷洒作业外，南方丘陵山区比较适合无人机进行植保作业。

目前，国内生产无人机的生产企业较多，最具代表性的就是大疆农业公司。大疆农业公司开发了系列无人植保机，以大疆农业最新款的T20为例，如图3-13所示，搭载了目前行业领先的全向数字雷达，支持水平360°障碍物识别与自动避障；具备全自主作业功能，一天作业可达1 000亩。

图3-13　大疆无人植保机

无锡汉和航空技术有限公司在2018年推出傻瓜化的无人直升机"水星一号"和全新的多旋翼无人机"金星一号"。"水星一号"在智能化程度上有了突破性进展，具有一键起飞降落功能，号称零基础的飞手也能上手；自主避障、一键返航降落让飞行更安全；双目防地系统也进行了升级，以前后向与下向视觉深度融合，实现飞行路径坡度预测，适应于各种复杂地形及各种高秆作物；增加夜间作业功能，作业时间得以延长；增加RTK—差分GPS系统，与单点GPS模块形成冗余互补，提高了定位精准性和安全性及使用便捷性；同时也实现了卫星测向，提高了抗干扰性。在后台数据采集、安全监管及作业调度等方面也进一步完善。

多旋翼无人机"金星一号"具备全自主作业、自主避障、仿地飞行，简单AB点等功能，同时配备智能电池；可分时测绘，通过测绘器、手机、飞机、地图均可完成自主作业航线规划，且一次规划，长期使用，测绘、作业可同步展开；同时具备3种作业模式，各模式均支持雷达地形跟随，如图3-14所示。

图3-14　金星一号

　　珠海羽人农业航空有限公司的"谷上飞"系列农用植保机（载重5L、6L、10L、18L、20L），如图3-15所示，世界首创多功能大载荷农用无人机（具有喷洒、播种、施肥、喷粉等功能），安装专业的喷洒结构，喷头置于螺旋桨正下方，高效利用了螺旋桨下洗气流，增加药剂穿透性，并防止农药漂移，提高施药效果；下沉的电池仓能起到防荡隔板的作用，有效防止飞行时药液涌荡对飞行姿态产生影响，使飞行更平稳。

图3-15　农用植保机

　　深圳酷农无人机产业开发应用有限公司开发了系列无人植保机，如图3-16所示。数据实时显示，飞行情况随时掌控；支持航线规划，全自主飞行作业；支持AB点作业；断点续喷；避障；药量及电量自动记录断电返航等功能。

图3-16　酷农公司无人植保机

　　武汉猎隼科技有限公司生产的谷神星植保机，如图3-17所示，设计有植保专用信标系统，方便采集田块信息，自动在软件上生成航线；可根据农作物种类及作业环境等差异自动调节流量，具备悬停停喷、断点续喷和断药提醒功能；离心雾化喷头设计，雾化颗粒细、分布均匀，用药量均匀，确保精准施药，提高药效防期；特有手自一体设计，飞机自主作业过程中可随时切换至手动遥控模式，适用于田块过小或者作业环境极差的情况；可实现从单机作业到机群作业、多级协同作业，无须单独分配任务，大大提高了生产效率。

图3-17 谷神星植保机

江苏数字鹰科技发展有限公司生产的数字鹰农用无人机，如图3-18所示，通过机身的过滤系统设计，可以有效使用洁净的空气和桨叶旋转产生的风力保持动力系统的冷却；可实现精准喷洒，采用压力喷头，根据不同的药剂可灵活更换，调整雾化效果；雷达定高可实现仿地飞行，精度达到厘米级，保持与农作物间的相对高度，保障飞行安全，喷洒更均匀。

图3-18 数字鹰农用无人机

秦皇岛七维测控技术有限公司生产的8旋翼植保无人机，如图3-19所示，空载质量5.97kg，最大载质量10kg，经济载质量5kg，最大速度40km/h，控制半径1km，飞行高度≤1km，控制方式为人工遥控，起降风速≤4级。北京博鹰通航科技有限公司生产的NY-M10型植保无人机采用6轴12旋翼错浆设计，机臂可折叠，机构紧凑，动力充沛，方便运输；内装PALADIN农业专用飞控，功能强大，全自主飞行，作业效率高。

图3-19　8旋翼植保无人机

梦翼无人机科技（武汉）有限公司生产的天将-15型（6MY-15）一体式6旋翼无人植保机，如图3-20所示，采用流体力学优化设计，风阻小，高强轻质全碳纤维封闭式机架，机臂采用航空铝材CNC精加工可折叠连接件，无须拆卸，使用高效方便，性价比高，适合于中小农场或植保飞防大队。

图3-20　6旋翼无人植保机

（三）总体结构与原理

典型的无人植保机分为3部分，一是机体部分；二是动力部分；三是控制部分。3个部分各自具备自身的功能，分工协作。其中，机体部分就是指植保机的机身骨架，其为其他各部分的固定与安装提供基础；动力部分也就是植保机的电池、电机或者电子调速器等部分，其为无人植保机的运行提供电力支持，使其可以按照规定的指令完成相关动作；控制部分就是植保机的控制系统，其为运动部分提出科学准确的指令，这一部分在运行的过程中将完成GPS定位、导航、飞行与作业、人机交互、切换作业方式、遥控作业速度等系列动作。

多旋翼无人植保机的飞行是通过对螺旋桨的正转反转以及转数进行有效控制来实现的。在多旋翼无人植保机当中，每个轴的长度是一样的，其都位于同一个平面之上，从而也就保证了重心在中心的位置。在飞行的时候，旋翼旋转的方向呈现出两两相反的状态，通过对电机转数的调节就可以改变旋翼旋转的速度，实现对机身飞行状态的控制和对平衡性的控制。在多旋翼无人植保机飞行的过程中，主要呈现出3种飞行姿态，一是悬停，二是绕轴转动，三是线运动。飞机的绕轴转动又包括3种，一是偏航，二是俯仰，三是滚转。飞机的线运动也分为3种，一是进退运动，二是左右侧飞运动，三是升降运动。飞机的悬停是当全部旋翼同时产生升力与无人机自身的重量相等的时候，飞行器就会自动保持悬停的状态。

多旋翼无人植保机具有远距离遥控操作和飞控导航自主作业功能，工作时，只需在喷洒作业前采集地块的GPS信息，并把航线规划好，输入到地面站的内部控制系统中，地面站对飞机下达指令，飞机就可以载着喷洒装置，自主将喷洒作业完成，完成之后自动飞回到起飞点。而在飞机喷洒作业的同时，还可通过地面站的显示界面做到实时观察喷洒作业的进展情况，如图3-21所示。

图3-21　无人植保机喷洒农药

（四）飞行控制系统

飞行控制系统（飞控系统）是无人植保机的核心，飞控系统根据地面端输出的指令控制电调、水泵，输出相应的动作，通过一系列传感器测量飞行器状态，反馈给飞控，飞控发出调节输出指令，调整飞行器姿态。飞控系统包括了IMU（惯性测量单元）、气压计、GPS、指南针等组成，实现无人机姿态稳定和控制、无人机任务设备管理、应急控制三大类功能。

IMU：惯性测量元件是一种能够测量自身三维加速度和三维角速度的设备，内含三轴陀螺仪、三轴加速度计和温度计。三轴陀螺仪主要测量飞行器的三轴姿态角或角速度；三轴加速度计主要测量飞行器在3个轴的加速度，飞控通过IMU反馈的角速度和加速度得出飞行器的姿态；温度计测量IMU工作温度，IMU工作温度范围在−5～60℃。

气压计：气压计主要是检测飞行周围的气压，和起飞时的气压做对比，得出气压差，从而得出飞行器与起飞点的垂直高度，气压计测量的是相对高度。当飞行器飞行高度离地面低于50cm时，会出现飞行姿态有点不稳的情况，高于50cm，飞行很稳定，这就是气压计测量的气压导致的，气压计的测量值会受到各种因素的影响，如温度、湿度、光照等，单靠气压计定高是不理想的，在无人植保机上，需配备定高更稳定的高精度微波雷达。

GPS模块：GPS能够获得自己的经度、纬度和高度三维位置，GPS还能用多普勒效应测量自己的三维速度。GPS在空旷地带接收信号较好，在室内或者建筑密集区域接收卫星信号较差，植保机在室内的状态下，遥控器会显示GNSS信号较差无法起飞。

指南针：指南针是测量飞行器航向的传感器，通过检测磁场方向来判断飞行器朝向，磁场较强的地方，如钢筋混凝土、通信基站等设施附近，指南针会出现干扰。MG系列植保机的指南针安装在右侧脚架上，T16指南针集成在了航点板之中。

SD卡：用来存储飞行数据，飞行器每一次开机都会生成一条飞行数据，飞行器在发生飞行事故的数据通常要比其他的大，可以通过数据分析出飞行器事故原因，是人为原因还是机器原因。

PMU：电池管理单元，为整个飞控系统提供一个稳定电压。

农用植保无人机飞控系统可实时采集各传感器测量的飞行状态数据、接收无线电测控终端传输的由地面测控站上行信道送来的控制命令及数据，经计算处理，输出控制指令给执行机构，实现对植保无人机中各种飞行模态的控制和对任务设备的管理与控制。同时将植保无人机的状态数据及发动机、机载电源系统、任务设备的工作状态参数实时传送给机载无线电数据终端，经无线电下行信道发送回地面测控站。

（五）农药喷洒系统

用于农业植保的无人机大多是多旋翼无人机，多旋翼无人机机型从四轴、六轴、八轴都有应用，从效率上看四轴效率最高，从安全性角度来看，八轴安全性和动力最高，各有利弊。而农药喷洒系统是一个独立的系统，它由机载药箱、水泵、喷头、控制器等构成，农业植保飞控系统通过连接控制器，根据作业模式对喷洒药液的流量和速度进行控制。这个控制信号一般为PWM信号，当PWM占空比较高，喷洒速度加快；当PWM占空比较低，喷洒速度减慢。

1. 基于STM32微控制器的无人机农药喷洒系统硬件设计

独立的喷洒系统控制器和飞控内部传感器类型较为相近，有加速度传感器、陀螺仪、地磁传感器、压力传感器、气压计、空速计（可关闭）等，原理是感知当前无人机飞行姿态、飞行方向、飞行高度、飞行速度，通过操控者设置的模式可以速度随动喷洒智能化喷洒。

控制器内部核心采用STM32F407RGT6芯片，驱动MPU6050运动处理组件，MPU6050这个芯片包含了三轴加速度传感器和三轴陀螺仪传感器，在运算过程中减少了陀螺仪和加速度之间的漂移误差，该芯片通过I2C协议通信，由于STM32F407自带I2C，所以无须重新编写I2C驱动程序，可以根据库函数I2C函数直接控制；控制器的地磁传感器采用HMC5883L芯片，气压计采用传统的BMP085即可。控制器通过以上传感器可以精确感知飞行器的各种动作姿态和位置，通过模式综合控制水泵的速度进行喷洒。由于喷洒系统是一个闭环控制系统，需要对水泵的流速进行检测，所以在水泵的出水端加入了压力传感器和流量计，经过转换后得出药液流速，利用有效的PID参数对水泵进行控制。流量计采用霍尔元件，输出占空比为50%，输出脉冲频率为$f=7.5 \times Q$（L/min），即输出频率为7.5 × 单位流量（L/min）× 时间（s），这样，将频率这种数字信号输入到微控制器内部可以计算出当前流量并送入PID进行计算，使流量输出较为精确。控制器接收操控者的模式控制信号是通过无线通信技术的接收机与控制器相连接，所以要求该无人机的遥控设备至少有8个以上的通道，预留2个通道控制水泵开关和喷洒模式，喷洒模式分为手动喷洒、自动速度随动喷洒；水泵开关的PWM值超过1 000之后表示水泵开，PWM值1 100～2 000（PWM值1 000～1 100区间设置一个死区，防止误动作）控制水泵喷洒速度（速度随动喷洒模式下这个喷洒速度控制无效）。

一般来讲，多旋翼农业植保无人机的供电大多是Li-PO电池6s供电，那么供电电压范围较宽，需要用到DC-DC转换模块，使其将动力电池的22.2V电压转换成水泵需要的12V电压和控制器所需的3.3V电压，这个电源模块使用BUCK型DC-DC高功率模块即可实现。

2. 基于STM32微控制器的无人机农药喷洒系统软件设计

STM32F407RGT6微控制器的软件设计调用ST公司为STM32开发的库函数即可，

包括系统初始化、各传感器与微控制器通信是否正常检测、初始化各类传感器、初始化实时操作系统μC/OS-Ⅱ、运行控制PID算法。其中，MPU6050的控制是本控制系统中较为复杂和困难的地方，因为三轴加速度和三轴陀螺仪的数据正确与否和工作是否正常直接影响喷洒系统的工作。从软件工程来看，MPU6050的驱动包括初始化MPU6050，配置MPU6050的驱动函数后可以获取MPU6050的原始数据，这个原始数据需要通过数学计算转换成姿态相关的四元数和欧拉角，这个数学计算使用融合算法，通过算法将测量值和常量叉积，然后构造增量旋转，分别为x、y、z三轴的旋转并叠加，即完成3个四元数相乘，并归一化处理。然而这个融合算法得到的姿态仍需要滤波，因为MPU6050输出的三轴加速度和角速度（陀螺仪）每次都有一组Pitch和Roll（可以简单理解成飞行器姿态的俯仰、翻滚）角，但是由于飞行器飞行过程中有震动，可能会产生累积误差，所以滤波后会得到更精确的数据，常用的滤波手段是通过一阶互补滤波、卡尔曼滤波器。

三、除草机器人

（一）技术需求

目前，除草作业主要有两种方式：一种是人力除草的方式，仅可清除65%～85%的杂草；除草完成后，作物仍然受到草害的影响，这种方式不仅强度非常大，而且效率低，不利于农业生产的进行。另一种为化学农药除草，利用除草剂的化学除草方式见效快、使用方便，但会对环境造成一定的影响，特别是对有机农业系统而言。英国、美国等国制定的相关法律法规明确规定，在有机农业中不得使用任何化学除草剂对杂草进行控制。随着生活水平的提高，人们对食品安全的关注以及对有机食品日益增加的兴趣限制了化学除草剂应用的长期可接受性。因此，传统的除草方式已经不能满足精准农业的发展要求。

（二）研究现状

1. 国外研究现状

澳大利亚昆士兰科技大学研制了一台名为AgbotⅡ的智能除草机器人，如图3-22所示。它采用模块化设计，由机器人平台和除草模块组成。除草模块分为机械除草和喷雾除草模块，其设计为可拆卸和可互换的。AgbotⅡ采用电力驱动，当电力不足时，能自动到附近太阳能充电站充电。AgbotⅡ有自己的可快速部署的杂草分类系统，能够在没有先前的杂草物种信息的情况下识别，而且具有植物物种特异性处理系统，能够根据杂草种类选择性地应用机械或化学控制方法。

图3-22　Agbot Ⅱ除草机器人

　　挪威科技大学的Utstumo等研制了一台基于机器视觉的定靶喷药的智能除草机器人Adigo，如图3-23所示。其采用三轮驱动，主要是针对行种胡萝卜进行精准除草。它的杂草控制采用按需滴注，将除草剂控制在单个液滴，其设置28个喷嘴，喷嘴之间的横向间距为6mm，其分辨率为0.8m/s，操作宽度为168mm。试验表明，按需滴注与普通喷洒相比，可以节省除草剂73%～95%，大大节约成本，保护了生态环境。

图3-23　Adigo除草机器人

　　法国公司Naïo Technologies开发了一款专门用于大型蔬菜种植的农业机器人——Dino除草机器人，如图3-24所示。Dino装备RTK（实时动力学）GPS和视觉相机，能翻动土块拔除杂草，且不伤害近处的作物。它号称是一款"多功能机器人"，所以也可用于播种。该公司还曾推出过一款名为Oz的除草机器人，如图3-25所示，用于清理小面积田地里的杂草。Oz宽40cm、高60cm、长100cm（包括130cm的刀架），离地高度7cm，它有3种工作模式，即自主、跟随、遥控。Dino是Oz的放大版，专为小型农场设计，可用于10hm²以上的蔬菜农场。它重约800kg，行驶（工作）速度为

3～4km/h，工作范围为1.2～1.6m，一天可完成3～5hm²区域内的杂草清除工作。它是模块化的，用户可根据自身需要进行扩展调整，在除草/播种时，Dino可装备行间犁、春耙、梳耙和专用犁等工具进行作业。

图3-24　Dino除草机器人

图3-25　Oz除草机器人

瑞士一家公司生产了一款名叫ecoRobtix太阳能除草机器人，如图3-26所示，通过两个机器人平行臂施加微量剂量的除草剂除草。

图3-26　ecoRobtix太阳能除草机器人

美国公司研制的Tertill智能除草机器人，如图3-27所示，本身可以自行判断培育的植物类型，并能避免与作物相接触，通过传感器和算法组合，除了培育植物，同样也可以避免一些障碍物，如果在电力不足的情况下，机器人还具备USB充电端口，支持有线充电。机器人在启动的过程中检测到杂草幼苗，就会利用迷你杂草打碎机将其打碎。

图3-27　Tertill智能除草机器人

荷兰瓦格宁根大学设计了如图3-28所示的除草机器人。该机器人配备柴油发动机和液压传动装置，并具有四轮独立驱动和转向功能。机器人通过摄像机识别作物行边界信息并基于RTK-DGPS的自主导航使机器人可沿作物在行间行走，其位置测量精度可达到20mm。但是该机器人使用施药的方式除草，对环境和土壤会造成污染；外观尺寸约为2.5m×1.5m×1.2m，结构尺寸大，在果园中作业会损伤果树和果实；重量约为1 250kg，机器人车轮行走过的轨迹处会造成土壤压实板结。若在果园中工作，其结构还需要进一步优化。

图3-28　瓦格宁根大学的除草机器人

2. 国内研究现状

20世纪90年代中期，我国对农业机器人相关技术的研究才逐步开始，现仍处于初级阶段。目前已经研发出了包括农田管理、果园管理等多种类型的农业机器人，但是针对果园除草机器人的研究和设计还很少，已经研发出的果园除草机器人在可靠性与使用性方面与国外同类产品还存在一定的差距。近年来，随着国家对农业机械化、智能化技术研究支持的加大和各级政府补贴的不断提升，通过引进先进技术和自主创新的推动，我国除草机器人技术有了显著的发展。

南京林业大学的陈勇等学者在研究模糊控制导航、机器视觉自主导航和基于色彩特征识别杂草等理论的基础上设计了一种直接施药的除草机器人，样机如图3-29所示，该机器人可实现自主行走和自主除草。割草刀切断草茎的同时，喷药装置在杂草切口上喷涂除草剂。药效试验显示，除草剂的使用量为常规化学除草用量的1/7。但是该机器人田间试验未开展，目前停留在了实验室样机阶段，使用性能未得到验证。

图3-29 南京林业大学直接施药的除草机器人

河北中农博远农业装备有限公司生产的中农博远9GS-1.6果园割草机，如图3-30所示。该机采用双刀盘切割结构，作业幅度宽，转弯半径小，作业效率和可靠性高。但是该割草机需要配套大型拖拉机使用，不适用于矮砧密植果园除草。

图3-30 农博远9GS-1.6果园割草机

河北农业大学的王鹏飞等人在2016年基于山地中小型矮砧密植苹果园设计了随行自走式果园割草机器人。该机器人采用双离合结构，机器人的行走和除草刀具运动可独立控制；机器人设计割幅为60cm，不可调；割茬高度调节机构基于平行四连杆原理设计，结构简单，调节范围为5~10cm，无调节高度测量装置；传动系统由传输带、蜗轮蜗杆及3对齿轮副组成，传动系统稳定性较好，但是机构繁杂，功率损失大。

石河子大学张斌等人在行间悬挂式弹齿耙除草机的基础上设计了一种果园株间除草机器人。该机器在原机上加装了株间除草执行器，用于果园里树与树之间快速、高效除草作业。作业时当株间除草执行器上的让树机械感应触杆碰到树干等障碍物时，刀具向机器人前进的反方向快速收回，使得除草刀具翻松到果树根部附近的土壤，但不会损伤树干，避障工作结束后，株间除草执行器在反向推力的作用下再次伸出，进行株间除草作业，以此往复循环实现株间的除草作业。但该机器需配合拖拉机使用且只能用于清耕果园，局限性较大。

（三）总体结构与原理

除草机器人由移动平台、动力系统、除草执行系统、转向系统等组成，移动平台是机器人的本体框架，实现机器人在果园中行走的功能。车体上安装动力系统、转向机构、除草执行系统、控制部分硬件系统等。控制系统用于控制驱动电机、转向电机、割草电机、转角电机的转动来实现相应的功能，并用于与遥控器互相接收和传递信号。动力系统为机器人行走和割草刀转动提供动力。转向机构用于实现除草机器人作业过程中的转向功能。除草执行系统用于锄地和割除果园中野草。

除草机器人工作原理：除草机器人在行走驱动电机的驱动下在果树行间行走，当在生草果园割草作业时，首先通过丝杠滑台机构调节好割刀盘离地高度，保证割茬高度，转角电机不动作，割草电机的力矩通过齿轮传递至两个割草刀盘，完成割草作业；在清耕果园中需要断根除草，首先通过丝杠滑台机构调节好割刀盘离地高度，转角电机动作驱动四连杆机构带动转角平板转动一定角度，此时刀盘刀片前部与地面平行进行割草，后部与地面呈一定夹角伸入地面下割断草根并翻松土壤；检测到障碍物或每行作业完成后，转向电机驱动齿轮齿条带动转向连杆实现避障和转弯动作。

（四）杂草识别

从20世纪80年代机器视觉开始用于田间除草，随着技术的发展，目前机器视觉已经广泛地应用到农业生产中。在智能除草机器人中，视觉影像技术是其中最为重要的一项技术，智能除草机器人运动时，该项技术可以对环境进行拍摄，拍摄出多个物体图像，然后将该图像传输到相应的计算机中，计算机就会对其进行处理与分析，之后将分析的结果传送到控制系统中，控制系统就会根据传输的结果对机器人进行控制，从而准确地寻找到作物的生长位置，保证该设备能够正常地在田间行走，不会对作物造成影响。

在使用该技术时，主要有两种方式。第一种是利用OCD-ICP的图像配准方法，在使用该种方法进行应用时，应用了一定的图形学原理，在图像的边缘处，根据农田的实际情况，选取出多个边缘角点，并结合相应的筛选规则，对其进行筛选，使边缘角点不断地优化；当其优化到一定程度后，就要通过迭代最近点的方法对其进行处理，从而得出最佳的配准，从而确定出作物的准确位置。第二种是利用HSI颜色分量的颜色特征提取法，采用该种方式进行运行时，由于植物的高矮、性状等存在差异，导致光照射到不同的植物上，会产生不同的光照强度、色调与饱和度，因此，在绘制图像时，就会直接采用多阈值分割的方法对其进行处理，将其以量化的形式体现出来；然后将这些量化后的颜色进行组合，并提取出不同颜色中的特征，根据特征内容的不同，将其分为不同的种类；最后将不同种类的特征进行组合，使图像达到分割的效果，从而完成了整个工作。在实际的智能化除草机器人中，一种视觉影像技术往往达不到要求，通常情况下是对两者共同应用，将两者进行了有效的融合，形成了一种更加先进的图像处理技术，并在该技术的基础上，构建出良好的操作平台，在该平台中就会更好地进行工作。

（五）除草执行机构

除草执行机构作为除草机器人的关键零部件，对除草效率和机器人的整体能耗有显著影响。除草执行机构以结构简单、动力传递便捷、刀片更换方便、除草效率高等为设计原则，减少复杂的机械结构的使用，典型的除草机构如图3-31所示。其中，除草刀盘和除草刀片使用螺栓连接，刀片在作业过程中遇石子、树根等损坏后方便更换，刀盘中共有6个螺栓孔，可以根据果园环境和作业的要求选择安装合适数量的刀片。整个除草机构通过滑块导轨底座和丝杠滑台底座上的螺纹孔与机器人本体固定连接在一起。齿轮箱安装于转角平板上，转角平板通过套筒与升降架连接，平面四连杆机构安装于升降架的右侧，

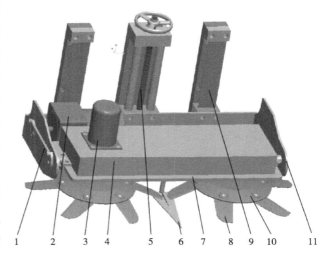

1.平面四连杆机构；2.转角电机；3.除草刀盘驱动电机；
4.齿轮箱；5.丝杠滑台机构；6.分禾器；7.转角平板；
8.除草刀片；9.滑块导轨；10.除草刀盘；11.升降架

图3-31　典型除草机构

升降架将除草执行机构与丝杠滑台和滑块导轨中的可移动滑块连接在一起。竖直安装的丝杠滑台机构和滑块导轨用于调节升降架的竖向高度,进而实现割茬高度范围的调节。平面四连杆机构一端与转角电机相连,另一端通过套筒与转角平板相连,在转角电机的驱动下带动除草执行器角度的转动,实现两种除草功能的切换。齿轮箱中安装两对尺寸分别相同的齿轮相互啮合,传递除草电机的动力并实现两个刀盘的同速反向转动。

四、剪枝机器人

(一)技术需求

果树树形是影响果树负载量的重要因素之一。通过冬剪、春剪、夏剪等不同时期的修剪去除老枝条或损伤枝条等方法合理控制果树树形,使果树冠层分布均匀合理,实现果园通风透光、便于机械化管理,对于提高水果的品质和产量具有重要的作用。果园整形修剪作业是果园生产全过程中最重要的环节。目前,我国以手工修剪枝条作业为主,修剪作业是一个季节性较强和劳动密集型的工作,果树整形修剪每公顷所用工时约占整个生产过程所用工时的20%,机械化水平低,用工成本高。研究开发修剪机器人,通过科学合理的整形修剪,有利于果树的立体结果及标准化果园建立,可改善果园机械化作业环境,提高果园收获机械作业效率,在一定程度上提高果实质量、产量,降低人工成本,提高修剪效率,从而提高经济效益。

(二)国内外研究现状

目前,国内外树木整枝修剪机械有手持背负式、车载式和自动式等多种形式。手持背负式整枝机是当前主流使用工具,分无动力和有动力两种。根据工作装置又分为剪刀式、液压剪式、圆锯片式、往复锯条式和导板链锯式。车载式整枝机是在较大型拖拉机上侧置液压;折叠臂,臂端配有可以往复运动的液压剪,用于修剪大面积树冠、灌木丛或地面杂草,部分设备通过车载自动升降台,将人送往不同高度位置进行人工整枝修剪。

1. 国外研究现状

树木修枝整枝机械的研究国外起步较早,主要以经济发达的欧美、日本等国家和地区为代表。早在20世纪初期,西方国家就已开始在园林绿化的繁重作业中应用机械,但当时主要使用的是一些简单的机械式刀剪工具以及使用柴油机和汽油机作为动力来源的小型背负式机械。从20世纪50年代始,各种园林培植剪枝专用机械纷纷面世,如剪枝刀、剪枝机、智能剪枝机器手等,树木修枝整枝机械逐步进入了快速发展时期,各种机型已经较为齐全。

　　较为传统的如美国、瑞典生产的手动式无动力装置整枝机，其基本原理是在对常用鱼头锯进行改进，增加一些简单辅助构件和安装有伸缩功能的工作杆等。在机动型高枝修剪机械方面，主要有日本的爱丽斯、小松等公司生产的高枝锯，这类装置都是以汽油机作为液传动的动力，带动液压泵和装在锯头部的小型液压电动机及链条锯工作。随着科技的发展，一些国家开始研究将自动化技术应用到树木修剪领域。日本公司生产的半自动攀爬式剪枝机械，通过密码式数字潜入无线控制，其剪枝锯采用链式锯条，轮式结构主要利用低压轮胎进行攀爬，具有反力装置的锯链式锯切机构和低压轮胎爬树机构等，通过遥控器控制其爬上树干进行修剪工作。意大利萨斯马升降台和瑞典的阿弗龙升降台是安装在工程车上，由液压系统控制其升降，实现高枝修剪。

　　2010年，美国研发出第二代葡萄修剪机器人，如图3-32、图3-33所示，并在加州Lodi的一家葡萄园进行展示，该机作业时由机器视觉引导，由两个机械手臂完成葡萄枝条的修剪作业。为了提高作业准确率，避免了自然光照影响，该机作业部分采用封闭安装，并设有光源避免外界光源的影响。其修剪成本为每株葡萄0.17美元，低于人工每株葡萄0.35美元的修剪成本，可有效提高葡萄园生产管理的效率，降低劳动力成本。

图3-32　美国加州Lodi的第二代葡萄修剪机器人样机

图3-33　美国加州Lodi的第二代葡萄修剪机器人工作

　　2010年，新西兰基督堂市开发的一款葡萄枝修剪机器人，由英国Canterbury大学及林肯大学的工程师共同研发，如图3-34所示。该机器人采用3D摄像技术，作业时，在设备行进中可测量机器与目标葡萄树的距离，并兼具夜视功能，可全天候作业，对于提高浆果质量、提高劳动效率具有重要作用。

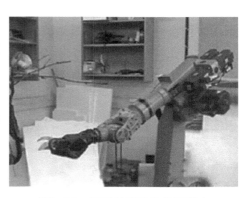

图3-34　新西兰葡萄修剪机器人

2018年，在瑞士举办的"Agrovina"农业博览会上，法国"Wall-Ye"公司推出一款剪枝机器人，如图3-35所示。这款剪枝机器人由锂电池供电，并且配有可为电池充电的太阳能电池板。这款机器人的工作速度最高可以达到每小时150株，而最熟练的剪枝工人的速度也只有每小时60多株。

图3-35　"Wall-Ye"公司剪枝机器人

"Pellenc"公司开发出一款需要人工操作、用于高登式剪枝法的机器。这台机器上装有红外线LED传感器，因此能够实现误差较小的"精准剪枝"，剪枝速度也达到了每公顷10h，比起每公顷35～50h的人工剪枝提高了不少。

2. 国内研究现状

国内对修剪机械的研究起步较晚，且产量低，品种少，都是以生产手动式高枝修剪机为主。孙坤龙等人研发的型便携式液压剪枝机，采用小型汽油机作为动力，通过联动操纵机构控制组合控制阀，推动执行油缸使剪枝机构动作；完成剪枝作业的机构由新疆农业大学的杨宛章教授设计的气动剪枝机，主要针对果树修剪树枝而设计，它的主要工作原理是使用气动装置对剪枝部件进行驱动。东莞市虎门圣佑精密机械厂等公司研制的新型微型电动树枝剪枝剪，主要用于果树、园林树、桑树等树枝修剪。它采用背负式可充电的锂电池或铅酸电池作为动力源，作业时只需按动电剪扳机，就可轻松切除直径厘米粗的枝条。

华南热带作物机械研究所设计制造的3GS-8型修剪整形自动升降台主要由立柱、伸缩臂、工作台、修枝剪和前支架组成，修剪工人可以通过安装在工作台上的操纵手柄来控制工作台的位置。3GS-8型修剪机安装在丰收-35型拖拉机上，主要用于橡胶树修枝、油棕树修叶、摘果以及城市园林修整等高架作业。

伊春市林业局重点项目研制的遥控式攀爬剪枝机械。该装置在电气控制上共设计了7个主要部分，由遥控、接收、升降、程控、程控自锁、转盘电源转换、电源组成。该剪枝机械能沿树干上下攀爬，并在遥控作用下可实现修剪树木高枝。

（三）总体结构与原理

剪枝机器人主要包括自动导航移动平台、图像采集箱、整枝模块、剪枝模块，自动导航车载平台能够实现剪枝机器人沿着果园内行间移动，以便车载平台上的整枝模块及剪枝模块完成对果树的修剪。通过前端的云台摄像机采集果园内道路情况，车载平台上的工控机完成对路况图像的分析，并控制电机驱动器，实现车载平台的自动导航行走。剪枝机器人的工作流程如下。

1. 自动导航

在启动剪枝机器人自动导航车载平台之后，能够沿着果园行间行走，在寻找到操作对象后停止。

2. 预整枝

通过切割锯刀在自动导航车载平台移动过程当中，将超过作业区空间的树枝切除，方便剪枝机械臂伸展工作；同时顶盖上的鼓风机开启工作，吹落残留在树梢上的枯叶，避免枯叶遮挡树枝，影响图像采集。

3. 图像采集、分析与处理

由工业摄像机采集树枝图像，通过计算机分析与处理，确定剪枝点位置。

4. 修剪

根据图像分析所得剪枝点位置信息，剪枝机械臂完成果树修剪作业。该系统具体工作步骤如下。

（1）开启自动导航并整枝。自动导航车载平台沿着果园行间移动，修剪机器人也随之移动。切割刀切割过长的树枝，使进入工作区的树枝长度合理，便于后续的剪枝作业；吹风机吹落枯叶，消除枯叶对于采集果树枝图像时的遮挡干扰。

（2）修剪机器人移动到合理空间位置（移动距离为一块背景墙的宽度），切割刀停止，吹风机停止。

（3）采集果树枝图像。顶光源和正光源提供主动光源（正光源可手动实现角度、位置调整），消除背景墙上的阴影，开启双目摄像机。

（4）分析处理果树树枝图像。双目摄像机采集到的图像信息通过图像采集卡传送到工控机。工控机对图像信息进行图像预处理、图像增强、图像分割、图像识别等处理步骤。根据果树树枝枝干和主干在形态学上的差异来识别目标，分析并确定剪枝点，提取剪枝点三维坐标信息。

（5）规划剪枝机械臂运动轨迹。根据剪枝点三维坐标信息，工控机对剪枝机械臂进行运动轨迹规划，计算出各关节最佳运动参数。

（6）完成剪枝作业。工控机发送控制指令，通过运动控制卡实现对剪枝机械臂各关节的动作控制，最终实现剪枝作业。

（7）剪枝机械臂恢复原始位姿。剪枝作业完毕后，剪枝机械臂收回至设备间，恢复原始位姿，并发送剪枝结束指令到工控机。

（8）启动切割锯和吹风机。收到剪枝结束指令后，工控机发送指令至运动制卡，启动切割锯和吹风机，开始下一工作位置的整枝工作。

（9）启动自动导航车载平台。工控机发送自动导航车载平台启动指令，自动导航车载平台开始移动到下一工作位置并剪枝。以此类推，重复作业。

（四）图像采集

在环境复杂又广阔的果园中，剪枝机器人进行剪枝作业的前提是先识别出枝条，这样剪枝机器人才能代替人力劳动进行剪枝。识别的首要任务是进行田间植株图像样本的采集，主要是采用高清摄像头去拍摄成像，然后把采集到的图像送到工控计算机。对于枝条的识别，运用颜色、面积和形态多个特征结合的算法，多个特征结合使目标的识别更加准确。首先采用阈值分割法对树莓枝条进行图像分割处理，建立颜色模型，通过分析颜色空间的色差，进行三原色RGB运算，可以将图像分割。图像经过分割处理后，会存在噪声，所以需要对图像进行消噪处理。先得到连通域，再进行区域标记，通过设置连通面积阈值，消除背景噪声。在处理过程中发现部分枝条会出现断续现象，采用膨胀方式进行补偿处理。对图像进行自适应阈值分割，分割枝条和杂质图像，对枝条进行边缘提取；经过一系列消噪处理之后，完成目标的识别，得到能够满足后续图像处理要求的二值图像，提取树枝骨架，确定剪枝位置。

（五）整枝模块

整枝模块由切割刀、吹风机、电机驱动器等构成。切割刀用于切割过长的树枝，使进入工作区的树枝长度合理，便于后续的剪枝作业；吹风机用于剪枝前吹落枯叶，消除枯叶对于采集果树树枝图像时的遮挡干扰。切割刀和吹风机均由电机驱动器控制，电机驱动器由安装在自动导航车载平台内的运动控制卡控制。

（六）剪枝模块

剪枝模块主要由双目摄像机、图像采集卡、运动控制卡、关节驱动器、剪枝机械臂、工控机等构成。剪枝机械臂主要由基座、肩关节、大臂、肘关节、小臂、腕关节、末端修枝剪等部分组成，采用自由度设计，即基座旋转、肩关节俯仰、肘关节俯仰、腕关节俯仰、腕关节旋转。双目摄像机用于采集葡萄树枝图像，图像采集卡用于传送图像信息，运动控制卡下发关节控制指令，关节驱动器用于控制关节运动，机械臂用于完成剪枝作业，工控机用于图像分析处理和机械臂轨迹规划。

（七）主要问题

单枝选择修剪存在技术性强、作业条件差、劳动强度大及效率低等问题，不能适应规模化种植的果园；现有整株几何修剪机具主要应用于葡萄藤蔓的整枝修剪，不适于个体树形的整株几何修剪；现有修剪机械的自动化程度还比较低，大部分悬挂在拖拉机上，需要通过人工操作来完成果树的修剪，对操作人员的要求较高，对果园的规范化要求也较高；修剪机械通用性能低，修剪机械大多针对特定的果树，不能做到一机多用；修剪机械适应性差，果园修剪机械水平低，在复杂环境及恶劣条件下无法正常工作；修剪机械普及应用还比较低，机械修剪的认可度、可靠性等对比人工修剪还不具备优势。

国内大多数剪枝机器人的研究还停留在研究阶段，尚未有报道实际应用的案例。随着人工成本的不断提高及机械修剪的不断完善，修剪机器人将逐步取代人工修剪，有效解决目前果树种植中剪枝工人人手不足或专业素质参差不齐、高昂的人工费用以及在冬季剪枝的困难等问题，是实现果树种植自动化、智能化的有效方法。

第二节　灌溉与施肥智能技术与装备

一、技术需求

我国大部分农业灌区进行灌溉时仍然依据农民以往的经验和感觉，且灌溉方式采用传统的人力漫灌或沟渠灌溉。采用这种粗放的灌溉方式，一方面会造成水资源的严重浪费，即大部分的水资源未起到灌溉的作用而被蒸散蒸发，使得灌溉水利用率低；另一方面，仅仅依靠个人经验灌溉，农作物很难达到最佳的生长环境，直接影响农作物的产量和质量。这就要求我们改变传统低水分利用率的农业模式，寻求一种精准的、水量自动控制的先进灌溉技术，实现对水资源合理、科学地利用，发展节水供水，改善生态环境，缓解水资源危机，最终实现农业生产的高品质、高产量、高效益。

二、总体架构

智能灌溉与施肥装备分为前端感知系统、水肥一体化精量施用系统、智能控制系统和滴灌系统四大部分。前端感知系统是通过空气温湿度传感器、光照传感器、土壤温湿度传感器、土壤pH值传感器等获取温室内环境数据和作物本体数据。水肥一体化精量施用系统按土壤养分含量和作物种类的需肥规律和特点，调节肥料、水、酸碱等的配比，通过可控管道系统供水、供肥，使水肥相融后，通过管道和滴头形成滴灌、均匀、定时、定量，浸润作物根系发育生长区域，使主要根系土壤始终保持疏松和适宜的含水量，同时根据不同的蔬菜需肥特点，土壤环境和养分含量状况，把水分、养分定时定量，按比例直接提供给作物。智能控制系统接收各传感器采集的数据并发送到云端，云端软件进行智能化分析，发送指令给控制器，实现灌溉设备的远程自动化控制。用户可根据栽培作物品种、生育期、种植面积等参数，对灌溉量、施肥量以及灌溉时间进行设置，形成一个水肥灌溉模型。通过对各前端传感器的数据分析，结合作物的生长发育需求，科学合理地安排灌溉计划，实现电脑端和手机端的远程自动化控制。

三、前端感知系统

前端感知系统作为整个智能控制系统的感知层，具备感知核心信息的能力。安装于生产现场的空气温湿度传感器、光照传感器、土壤温湿度传感器、土壤pH值传感器等传感器采集光照强度、空气温湿度、风速等信息，通过极限学习机来预测蒸发蒸腾量。传感器采集土壤墒情，根据土壤含水率的变化快慢参考蒸发蒸腾量，计算灌溉时间，采集降水量信息，适量减少灌溉量。

四、水肥一体化精量施用系统

（一）简介

水肥一体化精量施用系统是智能灌溉与施肥装备的核心，分为混肥式和注肥式两大类。水肥一体化精量施用系统是按照"实时监测、精准配比、自动注肥、精量施用、远程管理"的设计原则，安装于作物生产现场，用灌水器以点滴状或连续细小水流等形式自动进行水肥浇灌，实现对灌溉、施肥的定时、定量控制，提高水肥利用率，达到节水、节肥，改善土壤环境的目的，实物图如图3-36所示。

图3-36　水肥一体机精量施用系统

　　水肥一体化精准施量水肥设备分为两个大部分，远程通信系统和水肥机本地控制系统。远程通信系统包括环境数据的采集和水肥数据的采集。利用环境采集节点，采集生产现场空气温度、空气湿度、土壤水分、土壤温度、空气中二氧化碳浓度、光照强度等环境数据，通过4432无线通信，上传到网关，再通过网关上传到相关的服务器平台。在平台端，根据采集到的环境数据进行分析判定，通过电脑或者手机，远程进行操纵，远程控制水肥机。比如，在土壤湿度过低时，提醒相关人员及时给土地浇水。在温度过高时，避免大量浇水，防止作物因为温度变化而死亡。同时，将水肥机用水用肥的数据通过网关回传到平台端，为智能分析提供数据支持。

　　水肥机本地控制系统又可以分为执行部分和控制部分。控制部分采用PLC控制，利用触摸屏进行显示和操作，还可通过平台（包括电脑和手机）进行水肥机的远程操作。人机交互部分MCGS昆仑通态串口屏，通过RS232接口实现触摸屏与无线收发模块的交互，通过RS485接口实现控制器和触摸屏的连接。触摸屏主要实现系统状态、数据等的显示以及用户设置参数的输入等功能。控制器硬件采用西门子224PLC实现控制功能。可以对3个电机实现控制，同时对多个区域的电磁阀进行并行选择处理。采用流量计采集流量信号，每路流量计均可以实现对该路流量进行单独采集。水流量传感器主要由塑料阀体、水流转子组件和霍尔传感器组成。它装在进水端，用于监测进水流量，当水通过水流转子组件时，磁性转子转动并且转速随着流量变化而变化，霍尔传感器输出相应脉冲信号，反馈给控制器，由控制器判断水流量的大小，进行调控。

　　执行部分主要是微型注肥泵和离心泵，每个泵均有对应的电磁阀和流量计。离心泵进行水的通断，注肥泵进行肥料的通断。通过控制水肥的通段时间，可以调制不同的肥料浓度。

　　水肥一体化精准施量水肥设备实现以下功能。

　　（1）手动/时间/流量/远程控制功能。水肥机包括4种控制方式，分别是手动控制方式、时间控制模式、流量控制模式和远程控制模式。用户可以用实际情况进行灌溉施肥控制。当自动系统出现故障时，可采用手动系统进行控制，增加了系统控制的灵活性。

　　（2）定时、定量灌溉施肥功能。根据用户设定的不同作物多个阀门的灌溉施肥量、灌施起始时间、灌施结束时间、灌水周期等。系统可实现一个月内多个阀门的自动灌溉施肥控制。

　　（3）条件控制灌溉施肥功能。利用土壤水势传感器监测土壤的含水量，进行自动灌溉施肥控制。当土壤水势达到设定水势上限时。计算机自动启动系统进行施肥灌溉。当达到设定水势下限时，灌溉施肥停止，计算机自动记录该阀门灌水量，其他阀门按此灌溉施肥量依次进行，这种控制方式可实现多个阀门的无人值守灌溉施肥控制。

（4）数据统计与分析功能。系统可记录每个阀门每天的灌溉施肥量和灌溉施肥次数，为分析统计提供数据支持。

（二）控制模式

水肥机控制面板如图3-37所示。水肥机控制器主要控制方式分为手动控制和自动控制两种模式。

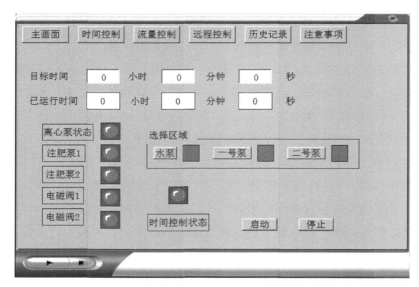

图3-37　控制面板

（1）手动控制模式下，既可以通过一体化控制器触摸屏或者设备操作按钮进行设备控制操作，也可以通过手机APP或者云平台进行远程手动操控设备，远程模式下，控制指令通过互联网将指令送到水肥机，然后进行设备控制操作。

手动控制模式又分为单独手动控制方式、时间控制模式、流量控制模式、远程控制模式。

单独手动控制可以对各个电机进行灵活操作，可以单独控制水泵，肥泵1、肥泵2，电磁阀1、电磁阀2等各个元器件进行单独操作。该操作可以在本地触摸屏进行控制，也可以在远程平台或者手机客户端进行单独控制。这种控制方式灵活，可以根据客户的需求进行单独清水浇灌，单独A肥和水泵混合浇灌，单独B肥和水泵混合浇灌，A肥和B肥同时水泵混合浇灌等操作，可以根据时间调节水肥的浓度，进而实现对作物的精准控肥。缺点是没有大数据的支持，全部凭借使用者控制，需要使用者有一定的种植经验。

时间控制可以根据需要启动的时间，选择需要运行哪些泵。然后按下启动就可以，到了时间自动停止。时间控制也可以实现本地控制和远程控制。例如，远程设定水泵和A肥运行1.5h，设定好时间为1.5h。选择好A肥和水泵，然后按下开始，就可以去进行别的工作，不用人在旁边看着，到达时间后，水肥机会自动停止。同理，远程平台或者手机客户端也是这样。

流量控制是设置3个泵流量，按下启动后，当每个泵流量到达0后自动停止。3个泵流量单独设定，也可以不设定，不设定的情况下默认是0，启动后不设定的电机不工作。例如，A肥5L，水泵浇水10L，可以设定A肥5L，水泵10L，B肥不设定，然后按下启动键，A肥泵和水泵同时开始运行，在到达10L水后，水泵停止，在到达5L肥量后，肥泵也会停止。该操作在本地和远程均可以实现，这种控制方式计量精准，可以实现水肥控制的数字化，有利于平台对水肥机的操作。

（2）在自动模式下，水肥机自动根据各种参数进行处理，比如，土壤水分降低到一定程度时，自动开启水泵一定时间，给农作物进行补水。每天早上8：00，进行一定时间的自动补水。该自动控制方式依靠底层处理单元实现，如果没有平台的支持，缺乏大数据的处理，就会不够精准。比如，1号浇水50L，2号下雨了，可能不需要浇水，5号天气干旱，可能需要浇水80L，蹲苗期可能十几天不要浇水等，这种控制方式需要连接到云平台提供大数据支撑。

第三节　果实采收智能技术与装备

一、采摘机器人

（一）技术需求

果蔬产品采收属于高耗劳动力任务，需要大量的农村劳动力参与，在收获季节，基本依靠人工采摘，收获采摘占整个生产作业量的40%～60%，消耗了大量时间和人力。此外，人工采摘存在效率低下和果实损伤的问题，而产品价格受多种因素影响，并非随着人工成本增加而升高，当水果售卖价格低于人工采收成本时，会出现果贱伤农、菜贱伤农的现象，农民不采摘任其腐烂，造成严重的资源浪费。

目前，果蔬产品采摘基本依赖人工，随着我国农村面临着人工成本逐年升高、重要劳动力急剧流失和人口老龄化严重等问题，造成生产成本增加，农民收入减少。农业自动化采摘是解决当前采摘问题的科学方法，采摘机器人的研究和应用，是降低果蔬生产成本，提高农民收入的一条重要途径，也将是我国发展智慧农业的必由之路。

同工业机器人相比，采摘机器人具有以下特点。

（1）作业对象娇嫩、形状复杂且个体状况之间的差异性大，需要从机器人结构、传感器、控制系统等方面加以协调和控制。

（2）控制对象具有随机分布性，大多被树叶、树枝等掩盖，增大了机器人视觉定位难度，使得采摘速度和成功率降低，同时对机器手的避障提出了更高的要求。

（3）采摘机器人工作在非结构化的环境下，环境条件随着季节、天气的变化而发生变化，环境信息完全是未知的、开放的，要求机器人在视觉、知识推理和判断等方面有着相当高的智能。

（4）采摘对象是有生命的、脆弱的生物体，要求在采摘过程中对果实无任何损伤，从而需要机器人的末端执行具有柔顺性和灵巧性。

（5）高智能导致高成本，农业或农业经营会很难接受，而且采摘机器人的使用时间较短，存在一定的季节性，对一定的空间移动性也有要求，智能化设备利用率不高，故障率比较高等这些目前存在的缺点，是限制采摘机器人无法推广使用的重要因素。

（6）操作采摘机器人的劳动者大多是农民，并不是具有机电知识的工程师，因此采摘机器人的设计一定要使其具有高可靠性和操作简单、界面友好的特点。

（二）国内外研究现状

国外农业机器人发展迅速，自20世纪80年代第一台番茄采摘机器人在美国诞生以来，采摘机器人的研究和开发历经20多年，日本和欧美等国家和地区相继研制了苹果、柑橘、番茄、葡萄、黄瓜等智能采摘机器人。我国在该领域中的研究虽然还处于起步阶段，但也取得了一些可喜的成果，如中国农业大学研制的草莓、茄子采摘机器人，浙江大学研制的番茄收获机械手等。但由于采摘机器人存在制造成本高和智能化水平不能满足农业生产需求的问题，使得采摘机器人不能广泛地应用到农业生产中。

1.国外研究现状

1993年，日本冈山大学的Kondo等人针对番茄传统栽培系统研制了一个七自由度番茄采摘机器人，如图3-38所示。

图3-38　番茄采摘机器人

该机器人由七自由度SCORBOT-ER工业机械手、末端执行器、视觉传感器、移动机构和控制部分组成。利用彩色摄像机作为视觉传感器寻找和识别成熟果实。末端执行器设计有两个带有橡胶的手指和一个气动吸嘴，把果实吸住抓紧后，利用机械手的腕关节把果实拧下。行走机构有4个车轮，能在田间自动行走。采摘时，移动机构行走一定的距离后，就进行图像采集，利用视觉系统检测出果实相对机械手坐标系的位置信息，判断番茄是否在收获范围之内。若可以采摘，则控制机械手靠近并摘取果实，吸盘把果实吸住后，机械手指抓住果实，然后通过机械手的腕关节拧下果实。该机器人从识别到采摘完成的时间为15s，成功率在70%左右。存在的主要问题是当成熟番茄的位置处于叶茎相对茂密的地方时，机械手无法避开茎叶障碍物完成采摘任务。因此，为了达到实用化目的，需要在机械手的结构、采摘方式和避障规划方面加以改进，以提高采摘速度和采摘成功率。

日本冈山大学研制出一种用于果园棚架栽培模式的葡萄收获机器人，如图3-39所示。其机械部分是一个具有五自由度的极坐标型机械手，由4个旋转关节和一个棱柱型直动关节组成。腕部的两个旋转关节可保证末端执行器水平和垂直接近葡萄，即使葡萄束倾斜也能达到目的。视觉系统采用PSD（Position Sensitive Device）三维视觉传感器，可检测成熟果实的三维位置信息。在开放的种植方式下，由于采摘季节太短，单一的采摘功能使得机器人的使用效率低下，因此，分别开发了用于采摘和套袋的末端执行器、装在机械手末端的喷嘴等。末端执行器由机械手指和剪刀组成，采摘时，用机械手指抓住果实，再用剪刀剪断穗柄。

图3-39　葡萄收获机器人

从1999年起，Kondo等人就开始了对草莓采摘机器人的研究，至2008年，试验样机如图3-40所示。该机器人由三自由度的圆柱型机械手、末端执行器、视觉系统、移动机构等组成。视觉系统由3个彩色TV摄像头和4个极化滤光照明装置组成，其中两个摄像头用于寻找和识别成熟草莓，另一个安装在末端执行器上，在机械手接近草莓的过程中给出草莓果梗的位置。末端执行器设计有一个气动吸嘴和一个带剪刀的夹持器。经温室试验证明，该机器人的采摘速度为9.3～17.9s/个，成功率在75%左右。

图3-40　草莓采摘机器人

1996年，荷兰农业环境工程研究所研究出一种多功能模块式黄瓜收获机器人，黄瓜按照标准的园艺技术在温室中种植成高拉线缠绕方式吊挂生长。机器人利用近红外视觉系统辨识黄瓜果实，并探测它的位置。机械手采用三菱六自由度机械手MitsubishiRV-E2，并在底座增加了一个线性滑动自由度，RV-E2机械手由24V直流电机和伺服控制器来驱动。末端执行器采用的是三菱夹持器1E-HM01，利用电极切割来代替普通刀子切割，可以杀死90%的病毒，并在切割过程形成一个封闭的疤口，从而减少果实水分流失，减慢熟化程度。试验结果表明，机械手稳态精度为±0.2mm，中心点定位精度为1mm；作业速度为45s/根，采摘成功率为80%。在温室里进行采摘试验的效果良好，但由于采摘时间过长，要满足商用产品的各种要求，还需对样机加以改进和完善。

意大利巴里理工大学的Mario等人研制了甘蓝采摘机器人。该机器人由气动驱动操作机械手、气动肌肉驱动的两指夹持器、CCD视觉系统和控制系统组成。机械手采用双四连杆的平行机构，用以保持末端夹持器水平。RVL（Ridicchio Visual Localization）视觉系统采用基于智能彩色滤光片和形态操作的机器视觉来检测和定位生长在田地里的甘蓝。机械手由2个标准双动气缸驱动，2个气缸由2个三位的电磁阀来控制，并安装电位计用于位置反馈。当4个连杆上的限位开关都闭合时，夹持器开始工作：剪断地下10mm左右的甘蓝茎秆，并同时拔出甘蓝。视觉系统定位准确率达95%，采摘速度约为7s/个，只是该机器人的机械本体过于笨重，机械手重量为25kg，末端夹持器重量高达16kg。

　　英国Silsoe研究院的Reed等人研制了蘑菇采摘机器人，它可以自动测量蘑菇的位置、大小，并且选择性地采摘和修剪。它由视觉系统、采摘机械手、手指传送器、修剪器、PC机等组成。机械手包括2个气动移动关节和1个步进电机驱动的旋转关节；末端执行器是带有软衬垫的吸引器。视觉传感器采用索尼CD 20/B，TU 12.5～75mm变焦透镜，使蘑菇定位成功率提高到90%。采摘后的蘑菇由手指传送器送到夹持器，再放入蘑菇采集箱。经试验表明，采摘成功率为75%左右，生长倾斜是采摘失败的主要原因。如何根据图像信息调整机械手姿态动作来提高采摘成功率，以及如何采用多个末端执行器提高生产率是亟待解决的问题。

　　美国公司Root AI研制了一款农业采摘机器人Virgo1，是一款专门用于采摘番茄果实的机器人，如图3-41所示。其底座和机械臂均采用滑轨式设计，机身顶部则装配了内置了AI算法的传感器，不仅可以精准识别番茄果实，还能智能判断果实是否已经成熟。采摘过程中，为了不伤及果实，这一机器人的机械爪应用了柔韧性几乎与信用卡相当的食品级塑料材质，既不会捏破番茄果实，也不会扯断藤蔓。这款机器人已开始在位于美国和加拿大的温室大棚中进行了实地测试。它的核心特点是应用人工智能软件实现"实时监测果实成熟度、轻柔触碰摘取、三维导航智能移动"。利用人工智能技术，机器人可以确定哪些果实可以采摘，识别效率要远高于传统的人工识别。采摘过程中，机器人可以自动行驶，前端安装有传感器和照相机充当"眼睛"，抓取器采用的是食品安全级别的塑料，可以像手指一样用合适的力度进行采摘。除了这些，机器人身上还装有灯光设备，日夜不停地在温室内进行采摘工作，充满电一次大约可以工作24h。

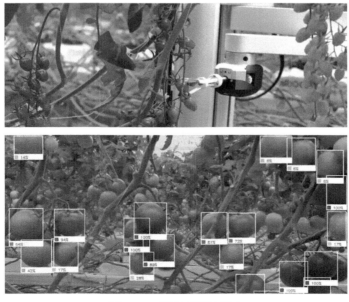

图3-41　番茄采摘机器人

日本松下公司开发出一款番茄采摘机器人，搭载其自产的图像传感器，能够实现番茄的无人采摘，如图3-42所示。该番茄采摘机器人使用的小型镜头能够拍摄7万像素以上的彩色图像，首先通过图像传感器检测出红色的成熟番茄，之后对其形状和位置进行精准定位。机器人只会拉拽菜蒂部分，而不会损伤果实，在夜间等无人时间也可以作业。当采摘篮装满后，将通过无线通信技术通知机器人自动更换空篮。可对番茄的收获量和品质进行数据管理，更易于制订采摘计划。

图3-42　番茄采摘机器人

MetoMotion是一家位于以色列的创业温室机器人组织，其开发的一种名为GRoW的多功能机器人系统如图3-43所示，它可以在温室内执行劳动密集型任务。图为该公司研发的第一个专用机器人，用来自动收获温室种植的番茄。机器人配有多个专门设计的收获机械臂和先进的视觉系统，底盘是一个可以自动巡航的引导车（AGV），这样的收获机器人可以最大限度地减少采摘过程中对产品的伤害，提高收获效率。目前，温室内总成本的30%～50%与劳动力有关，然而一个操作员可以同时监控5台这样的收获机，这样就可以节省约50%的收获成本。

图3-43　番茄采摘系统

　　2017年，Crux Agribotics开发了一个黄瓜采摘机器人，如图3-44所示。该项目是由Beltech B. V公司和拜耳公司合作的，旨在促进农业自动化并提高作物（黄瓜）的生产力。该收获机器人可以实现自动收获，无须人工干预，从而可以减少农药使用量多达90%，降低了70%的感染风险，提高30%的作物产量。该优化的收割系统大约可以工作7年，全天候运行。收割机器人带有旋转摄像头，摄像机可以从各个角度拍摄作物的超快速3D图像。利用专用软件将图像拼接组合在一起，并由此得出藏在叶茎下黄瓜的形状以及尺寸等结论。在视觉系统的帮助下，系统算法将告知哪些黄瓜可以采摘，这样一来，就能获得约96%的成熟黄瓜。视觉系统可以提高采摘的准确性和果蔬精准的尺寸、重量的检测。通过优化学习算法，机器人可以变换算法校准，进一步实现工业适应性，使机器运动更加快速平稳。

图3-44　黄瓜采摘机器人

　　CATCH是一个欧洲关于露天黄瓜种植的项目，项目合作伙伴是德国的莱布尼兹农业工程和生物经济研究所和西班牙CSICUPM自动化和机器人技术中心，用于开发自动收获黄瓜的双臂机器人，如图3-45所示，这种轻巧的解决方案在德国的商业市场具有非常大的潜力。在德国，腌制的黄瓜大多数是人工收获的。这种劳动密集型且耗能的手工收获方式越来越不经济。机器人可以在不利的天气下识别成熟的黄瓜，然后使用两个抓臂对黄瓜进行抓取和存放。这种控制方法使机器人具备了触觉感知能力，并使其能够适应环境条件。双臂机器人系统不仅能够模仿人体运动，还可以保证农作物不会被损坏。特殊的摄像头系统确保机器人检测并找到大约95%的黄瓜，即使有些黄瓜被植被掩盖。该机器人开发了具有五自由度的机器抓取手臂，抓取器的灵感来自鱼鳍，抓取手指是柔软的三角形，需要较小的力就可以很好地抓住物体。这是为采摘黄瓜专门定制"黄瓜手"，2017年7月黄瓜采摘机器人经现场测试后，每分钟可以采摘约13根黄瓜。

图3-45 黄瓜采摘机器人

2. 国内研究现状

1997年，东北林业大学的陆怀民等开发设计了林木球果采集机器人，如图3-46所示，机器人由六自由度机械手、行走机构、液压驱动系统和单片机控制系统组成，采用集材-50型履带式拖拉机作为行走机构。采摘时，首先使机械手对准果树，然后由单片机控制系统控制大、小臂，同时升至拟采果球的最高一根果枝，采摘手爪的梳齿夹拢果枝，大小臂带动采集手爪向外运动采下果球，并将采集手爪对准集果箱将采摘的果球倒入箱中。该机器人每天可采落叶松球果约500kg，效率为人工采集的30~35倍；一次采净率达到70%，而人工采净率不大于30%。

图3-46 林木球果采集机器人

2006年，中国农业大学的宋健等研制了茄子采摘机器人，该机器人主要由四自由度关节式机械手、DMC运动控制器、数字摄像头以及PC机组成。机器人系统采用PC机+DMC运动控制器的二层开放式控制体系结构，具有良好的扩展性、灵活性和实时性，可控制多种不同自由度的机器人和末端执行器。在对果实目标的识别和定位研究中，提出了融合G-B颜色因子和空间信息的彩色图像区域生长分割算法，分割效率为92%。性能测试结果表明，重复定位精度为±2.5mm；当测量距离在275～575mm时，单摄像头两步法测距误差在±18mm，整机系统运行稳定可靠，抓取成功率为89%，平均耗时37.4s。

2004—2005年，中国农业大学的张铁中、徐丽明等设计了草莓收获机器人。该机器人采用四自由度龙门式直角坐标机械手和一个两指弧形手指作为采摘机构，解决了在较窄垄沟收获草莓难度大的问题。视觉系统由数字图像采集卡、CCD摄像机和PC机组成，采用基于遗传算法的草莓成熟度神经网络系统，通过草莓的H分量区分出草莓果实红色的深浅，直接判断其成熟度，实现草莓成熟度的无损检测，判断准确率为91.7%，时间为160ms。系统采用上位机+下位机的主从式控制结构，经济实用，简单方便。经室内试验表明，系统运行定性为93.8%，手爪抓取成功率为89.1%，手爪定位精度±1.5mm，果柄切断率95.1%，采摘速度为9.39s/枚。

苏州博田自主研发的采摘机器人，如图3-47所示，它利用人工智能和多传感器融合技术，基于深度学习的视觉算法，引导机械手臂完成识别、定位、抓取、切割、回收任务的高度协同自动化系统，采摘成功率可达90%以上。多传感器融合技术可以对采摘对象进行信息获取、成熟度判断、确定采摘目标的三维空间信息和视觉标定，实现在无人值守的情况下，自动导航、自动识别、自动完成机械臂运动和机械手采摘的工作。机器人的最大续航时间可达6h以上，采摘一个或者一串番茄需要的时间在10s以内，识别成功率大于90%，采摘成功率大于90%，果实损伤率小于5%。

图3-47　采摘机器人

胡友呈等研发了一款柑橘采摘机器人，如图3-48所示。该机器人通过双目相机获取果树图像，利用改进的VGG16网络模型实现果实识别和障碍物分类，通过基于区域特征的SVM分割算法实现果实的分割和定位，再将定位信息发送给6轴机械臂进行采摘运动，最后通过咬合型末端执行器切断柑橘果梗，实现柑橘的采摘。该柑橘采摘机器人成功率为80%，障碍物成功避障率达到60%。

图3-48　柑橘采摘机器人

尹吉才等研发了一款苹果采摘机器人，如图3-49所示。该机器人具备4驱式底盘结构，机器人基于2R-G-B的OTSU分割算法对图像中的水果进行分割，采用双目视觉系统进行水果定位，采用了一个低成本的3轴机械臂来执行苹果寻找，到达苹果所在位置后，通过设计的一种两指夹取采摘器进行苹果的夹取，实现果柄与果树的分离，其单果采摘平均耗时为29.46s，室内试验成功率达到91%，但在枝条避障上存在困难。

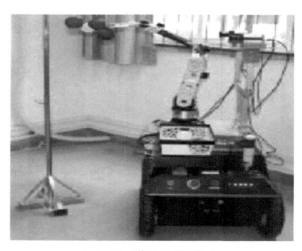

图3-49　苹果采摘机器人

刘静等发明了一款可升降和存储的柑橘采摘机器人，如图3-50所示。该机器人安装了一个升降式的2轴机械臂，可以实现不同高度柑橘的采摘，通过同时将视觉定位系统和末端执行系统安装在一起，摄像头会根据柑橘的位置和大小调整机械臂的位置到柑橘的中央，控制环形剪刀的舵机，剪断柑橘果柄，柑橘顺着管道进入箱体内部的滑槽，开始初步分拣和装箱。该机器人采摘1次平均耗时5.4s，每次采摘的数量为1

个或2个，采摘的最大高度为1.85m，由于视觉识别算法简单，识别过程受光线影响较大，识别精确度不高。

图3-50　柑橘采摘机器人

崔永杰等研究了一款笛卡尔式猕猴桃采摘机器人，如图3-51所示。该采摘机器人采用Kinect相机视觉传感器，利用K-means++和OTSU阈值分割法识别出猕猴桃果萼，再运用获得果萼质心的像素坐标，将果萼质心的像素坐标映射到猕猴桃的深度图中，经过一系列坐标转换获取猕猴桃果萼质心的三维坐标，笛卡尔机械臂根据坐标信息对准果实的位置，最终通过具有轨迹槽设计的末端执行器采摘果实。该采摘机器人在测试研究中的果实采摘成功率为80%，采摘每个果实的平均耗时为（4.5±0.5）s，损伤率为14.6%。虽然该采摘机器人采收效率获得了很大提升，但是3轴设计无法根据果实的姿态进行灵活调整，同时由于机械臂稳定性差，容易出现无法成功抓取的问题。

图3-51　猕猴桃采摘机器人

华南农业大学邹湘军团队针对单果类和串型类水果研发了一款多类型采摘机器人，如图3-52所示。该采摘机器人根据不同自然光照条件下成熟水果的颜色特征，选取YCbCr颜色模型，利用OTSU算法结合模糊C均值聚类法对荔枝果实和果梗进行分割，计算果实质心与果梗的最大距离，设定与荔枝果实距离为该最大值距离的1/3处为荔枝采摘点，然后利用双目立体视觉算法实现采摘点的空间定位，驱动机器人运动到水果附近，最终通过机械爪抓住水果并扭动进行水果采摘。该水果采摘机器人进行了荔枝和柑橘采摘试验，其中荔枝采摘成功率为80%，柑橘采摘成功率为85%，两类水果采摘1次的平均耗时为28s。

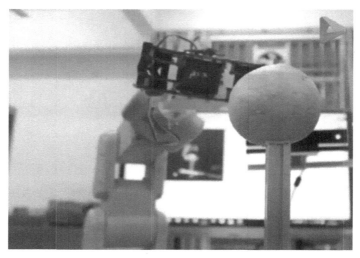

图3-52　多类型采摘机器人

中国农业大学张铁中教授等人经过多年研究，设计出了草莓采摘机器人系统。在番茄采摘机器人方面，通过加装一种具有反馈功能的末端执行器，国家农业智能装备工程技术研究中心冯青春等人将机器人的定位误差得以缩小，在样本试验中能够将所有果实识别成功。在其他果蔬方面，浙江工业大学和中国农业大学等高校结合新技术研究开发了黄瓜采摘机器人。我国的温室采摘机器人发展研究在不同的果蔬种类上均有涉及，这些工作的开展不断推进了我国温室自动化程度的提高，降低了人们的劳动强度，提高了温室果蔬的生产效率。

（三）总体结构与原理

采摘机器人主要分为四大部分，包括移动平台、视觉识别和定位系统、机械臂系统、末端执行控制系统。

采摘机器人的作业主要由以下几个流程构成。

（1）行走小车导航控制。行走小车沿导航线行走，如果在视场范围内发现有成熟果实，停止行走；否则继续行走至有成熟果实的位置。

（2）目标果实识别与抓取点位置的提取。通过机器视觉进行目标果实的识别和抓取点位置的提取，并将抓取点位置转换到机械手基准坐标系中，通过串行通信将抓取点位置发送到运动规划控制系统。

（3）控制系统运动规划。将抓取点位置进行逆运动学变换，然后进行轨迹规划运算，最后将规划出的位置指令发送到机械手各关节控制器，使机械手顺利到达目标抓取点。

（4）果实抓取与果枝分离。机械手到达目标抓取点后，向末端执行器发送抓持和切割控制命令，使末端执行器完成果实抓取和分离任务。

行走小车是整个机器人的支撑平台，具有自主导航功能，使机器人能沿着一定的路线行走。采摘机械手本体主要包括机械臂和末端执行器。视觉系统用于识别和检测目标果实，确定果实的空间位置，并将位置信息通过通信传给运动规划控制系统。运动规划控制系统接收目标果实的位置信息后，将其转换到机器人基准坐标系中，进行逆运动学计算，运动规划、插补运算等，然后将规划的关节位置指令发送到各个关节控制器，控制相应关节电机转动到指定位置。待机械手移动到目标果实位置后，再控制末端执行器采摘果实，并将采摘后果实放置到收集器皿中。

（四）视觉识别和定位系统

果实识别与定位作为水果采摘机器人技术中最重要的技术，其性能的好坏会直接影响水果采摘机器人能否顺利采摘。

在采摘中，一般有两种目标果实的识别方法。对单一目标果实进行识别，首先对图像进行中值滤波预处理，然后对番茄目标果实与背景进行分割，如采用聚类分析法中的K-means方法进行分割，由于分割算法的局限性，目标果实的表面出现了空洞，为了提高分割后的番茄目标图像，需要对分割后的番茄目标果实进行数学形态学处理。对重叠番茄目标果实进行识别，首先对原始图像进行双边滤波预处理，然后采用改进算子的最大类方差法（OTSU）来识别重叠番茄目标，接着利用K-means聚类算法对重叠目标像素进行聚类得到单一目标位置，最后通过分水岭算法得到目标果实准确的边界。

农业采摘机器人在自主作业的过程中，首先通过识别算法识别出目标果实对象，然后需要对目标果实进行定位，最后让采摘机器人的移动底盘、末端执行器相互协调配合去完成自主采摘目标果实，该自主采摘作业过程的实现需要对目标果实进行三维空间定位。为了获取番茄目标果实的三维空间坐标信息，根据双目立体视觉原理获取番茄目标果实空间坐标值，从而实现对目标果实空间定位。该定位方法计算量小且易于实现，还可以满足定位精度的要求。

（五）机械臂系统

采摘机械手的结构形式和自由度直接影响末端执行器的作业空间、运动精度以及灵活性，从目前研究的农业机器人样机来看，机械手的结构形式大致有直角坐标型、圆柱坐标型、极坐标型和关节型等，各机械手结构构成及优缺点如表3-2所示。

表3-2　各种类型机械手结构形式比较

类型	主机架构成	优点	缺点
直角坐标型	由3个互相垂直的移动关节组成，在X、Y、Z轴方向上具有3个自由度	构造简单，刚性好，各关节运动相互独立，没有耦合，定位精度高，坐标计算简单，易于编程和控制	灵活性差，占地面积大，末端执行器的活动范围内存在盲区，不能到达所有果实
圆柱坐标型	将直角坐标型的X、Y轴用绕Z轴的旋转和水平的移动关节代替	结构紧凑，几何计算容易，定位精度高，控制比关节型简单	由于机身结构的原因，手臂不能抵达底部，减小了机器人的工作范围
极坐标型	由2个旋转和1个移动关节组成：回转基座、俯仰和伸缩臂	灵活性有所增强，机体结构紧凑，占用空间体积小	由于直角坐标和圆柱坐标型机械结构和控制系统比较复杂，精度较低，避障性能差
关节坐标型	由大臂、小臂的俯仰及基座的回转3个旋转关节组成	灵活性强，结构紧凑，工作范围大而占用空间小，能拟合空间任意曲线，有效避开障碍物	机械刚度小，位置精度较低，抓持质量小，运动控制计算量较大，对控制系统要求较高

自由度是机器人能够对坐标系进行独立运动的数目，不包括末端执行器的开合自由度。在确定机器人自由度时，需要注意以下几个问题。

（1）机器人自由度与关节之间的关系。在机器人各关节中，凡单独驱动的关节称为主动关节，反之则称为从动关节。把主动关节数目称作机器人的自由度。设计机器人时，一般尽量避免使用从动关节。

（2）机器人自由度数目是根据用途来设计的。若满足机器人功能要求，就没必要设计更多的自由度；而若要考虑避障问题，则一般要具备冗余自由度。自由度过少，虽然可使机器人结构简化，但不能完成预定的工作；反之，将造成计算复杂，控制困难。

（3）机器人末端执行器抓取物体，往往要具有开合功能才能实现，这个开合自由度仅对夹手起操作作用，不能作为机器人的自由度。

在三维空间中的无约束物体，既可沿X、Y、Z轴做平移运动，也可绕各轴做旋转运动。因此，确定目标物体的空间位姿，一般需要6个自由度。决定位姿的3个自由度可以是旋转关节，也可以是移动关节，决定姿态的自由度必须是旋转关节。

（六）末端执行控制系统

实际应用中，舵机是组成机械手的最重要组成部件，对整个机械手臂进行控制的实质就是对6个微型伺服直流电机的控制，以舵机的转动即机械手臂关节的转动作为动力源，以带动整个手臂支架完成机械手在一定空间范围内对果实的采摘工作。

硬件控制系统是整个果实采摘机械手控制系统的物理基石，是实现采摘机械手整体控制必不可缺的一部分，机械手通过控制芯片获取控制信息，并对信息进行分析和处理，严格控制舵机的转动，进而带动整个手臂的执行机构的一系列动作，最后完成机械手臂在空间一定范围内的果实采摘工作。机械手硬件控制系统主要由芯片控制模块、电源模块、键盘指令输入模块、液晶显示模块、舵机控制模块以及必需的晶振和复位电路组成。具体设计时，可选用芯片作为系统的控制芯片，实现信息处理和指令接收和发送的功能；电源模块为芯片和电机控制模块提供所需电压；芯片控制模块通过按键模块的指令输入对舵机模块进行控制，进而带动机械手完成果实的采摘过程；舵机控制模块实现了芯片与舵机之间的引脚的连接功能以及解决了舵机供电的问题；液晶显示模块实时将舵机的状态进行显示，键盘指令输入模块用于人与机间进行通信，实现程序的烧写。

果实采摘机械手控制系统中，系统软件的设计与硬件设计同样重要，在硬件设计达到了要求的前提下，软件的设计将与硬件电路密切配合，实现对六自由度果实采摘机械手的控制。综合考虑整个系统由微处理器协调和运转，可采用语言对其单片机进行软件开发，用语言开发系统可以大大缩短开发周期，明显增强程序的可读性，便于改进和扩充。语言是一种结构化的程序设计语言，它提供了十分丰富的程序控制语句，利用语言实现数字滤波等高级算法简单易读。

（七）应用案例

1. 荔枝采摘机器人

智能水果采摘机器人能一个"人"顶两个人用，如图3-53所示，这种机器人已在广东一些水果合作社里"赤膊上阵"，对瓜果类产品进行无损采摘作业。

开发智能采摘机器人的华南农业大学相关团队负责人称，该款机器人最突出的长处就是像铁壁阿童木一样有着"火眼金睛"，可采用双目立体视觉在果园中对果实进行定位，获得视野内多个随机水果目标，然后再用数学规划方法，对采摘作业路径进行自主规划，最后伸出机械臂末端的拟人夹指来采果子。

这种机器人在摘果的时候不会很粗鲁，先用夹指将果枝夹紧，然后以切割的方式来切断果枝。由于末端的执行器具有一定通用性，因此可对多类瓜果进行作业，包括荔枝、柑橘、黄瓜等。

开发团队介绍说，从工作效率来说，机器人每小时能摘20kg荔枝，是人手的

2倍。如果作业地点完成了硬底化建设，到处都有平坦的水泥路的话，机器人加上AGV小车还可进行自由移动，而在一些崎岖不平的园子里，还是要用小推车载着才能工作。

图3-53　荔枝采摘机器人

2. 苹果采摘机器人

我国已自行研制了苹果采摘机器人，如图3-54所示，该机器人主要由两部分组成：两自由度的移动载体和五自由度的机械手。其中，移动载体为履带式平台，加装了主控PC机、电源箱、采摘辅助装置、多种传感器；五自由度机械手由各自的关节驱动装置进行驱动。机械手固定在履带式行走机构上，采摘机器人机械臂为PRRRP结构，作业时直接与果实相接触的末端操作器固定于机械臂上。机械臂第一个自由度为升降自由度，中间3个自由度为旋转自由度，第五个自由度为棱柱关节。

图3-54　苹果采摘机器人

由于苹果采摘机器人工作于非结构性、未知和不确定的环境中，其作业对象也是随机分布的，所以加装了不同种类的传感器以适应复杂的环境。采用的传感器分为视觉传感器、位置传感器和避障传感器3类。其中，视觉传感器采用Eye—in—hand安装方式，完成机器人或末端操作器与作业对象之间相对距离，工作对象的品质、形状及尺寸等任务；位置传感器包括安装在腰部、大臂、小臂旋转关节处和直动关节首尾两端的8个霍尔传感器，以用来控制旋转关节的旋转角度和直动关节的直行进程，另外还包括末端执行器上的2个切刀限位开关和用于提供所采摘苹果相对于末端夹持机构位置信息的两组红外光电对管；避障传感器包括安装在小臂上、左、右3个方向上的5组微动开关和末端执行器前端的力敏电阻，以求采摘机器人在工作过程中能够有效躲避障碍物。

3. 黄瓜采摘机器人

2011年，中国农业大学工学院李伟教授团队研制出黄瓜采摘机器人，样机如图3-55所示。该款黄瓜采摘机器人是利用机器人的多传感器融合功能，对采摘对象进行信息获取、成熟度判别，并确定采摘对象的空间位置，实现机器人末端执行器的控制与操作的智能化系统，能够实现在非结构环境下的自主导航运动、区域视野快速搜索、局部视野内果实成熟度特征识别及果实空间定位、末端执行器控制与操作，最终实现黄瓜果实的采摘收获。

图3-55　黄瓜采摘机器人

该项成果打破了传统机器人工作在结构化环境的技术屏障，是对传统机器人工作模式的挑战，为农业机器人走出实验室、进入自然环境的农田作业提供了重要的理论与技术支撑。

自动化采摘技术是精准机械化作业、识别定位方法、智能移动平台的高度统一，该技术是工业技术与农业应用融合后的杰作。果蔬产业的发展对此类技术成果需求很大，究其原因是随着劳动力短缺的问题日益加重，目前果蔬种植中已经很难找到技术熟练的工人，而且未来果蔬产业对技术人才和熟练工人的需求会越来越大。采摘机器人在未来果蔬产业中将会成为解决劳动力短缺问题的重要途径，一是装备能不知疲惫地昼夜连续工作，农忙时节也可以连续作业，能显著提高生产效率；二是装备的大规模应用能避免人的主观判断和个人经验对采摘品质的影响，采收的果实严格按照一个标准进行；三是装备的应用成本如果计算了不断上涨的人工成本、各种劳动保险以及人员流动带来的损失，再加上增产增收的利润，综合计算下来，可以显著提高经济效益。

二、果实自动分级系统

（一）技术需求

分选是水果采后加工十分重要的环节，它可以使水果在销售时具有较高的均匀度，从而更加吸引消费者，以提高其经济价值。发达国家的经验表明，水果产值大部分是由采后处理和加工创造出来的。因此，通过采用自动的水果筛选技术对水果的质量品质进行检测，对于提升我国水果的国际竞争力非常重要。

（二）国内外研究现状

常见的农产品无损检测技术按其检测手段可分为以下几种：介电特性检测技术、光学特性检测技术（根据光波长的不同可分为可见分光法、近红外分光法、紫外分光法等）、声学特性及超声波检测技术、机器视觉检测技术、X射线检测技术、电子鼻与电子舌检测技术、撞击技术等。目前国内外致力于研究的农产品无损检测设备也主要基于上述技术，其中很多技术与实际生产的结合尚处于科学研究阶段，部分能实现在线分级生产的无损检测设备主要是一些纯机械式的分级机（包括大小、重量等形态学指标的分级）、基于机器视觉技术的分级（可对水果的外部综合指标、成熟度进行分级），其中机器视觉技术是目前农产品无损检测设备研发设计应用的主流技术。

当前实际生产中，企业对大小分级机、重量分级机、外部综合品质分级机及成熟度分级机等的应用已比较普遍。大小分级机常用设备为滚筒或丝杠式分级机，机械式的大小分级机设备的结构一般较为简单，价格相对较低，分级效率较高，但通用性较差，一般多用于球形或类球形果蔬的分级。重量分级机的分选也可分为机械式、电子称量式。基于机器视觉技术的果蔬外部综合品质分级设备正逐步得到广泛应用。国外已开发出对重量、颜色、大小形状、缺陷等指标进行分级的设备，输送速度3m/s，缺陷识别精度1mm，分级速度12个/s，可对苹果、柚子、桃子、番茄等10余种水果进行分级。

1. 国外研究现状

自20世纪90年代开始，西方许多发达国家为降低水果分级分选带来的人工成本，提高水果产品的附加值，就开始致力于一些水果自动分级设备的研究，并获得了一定程度的成功，使得一些设备得到推广应用，大大提高了生产力。相对来说，国外较早地开始对果品的自动分级进行研究，并且直至今天，很多果品的分级技术已相对比较成熟，尤其是很多以欧美为代表的发达国家逐渐成为果品分级分选设备研究的倡导者。

美国AUTOLINE公司自主设计的基于机器视觉技术的水果分级机可对大小不同的10余种水果进行分选，包括柑橘、苹果、猕猴桃等，可根据用户的不同需求进行改造。

美国Penwalt公司设计研发的Deem型果品重量分级机，采用最新电子设备进行重量的测定，主要依靠杠杆原理进行工作，分级效率较高、稳定性好、通用性较强。

Aleixos等人通过多光谱相机拍照来获取柑橘图片，通过一系列的系统处理可对柑橘的大小、颜色及各种缺陷进行分级，分级速度达每秒5个，分辨率2mm，分级准确率可达94%。

美国的Alle Electronics公司成功研制出能够分选蔬菜、水果、果核及各种小食品的"Inspectronic"设备。设备主要利用高晰像度的CCD摄像机，该相机可识别速度不超过580英尺/min（1英尺≈0.3米）的传送带上移动的产品，分辨率可达1mm。该分选设备能按产品的大小或颜色进行分选，就当前来说，是相对较为先进的分选机。

法国的MAFRODA公司自主设计研发的水果在线分级生产线可对草莓、樱桃、小番茄等果蔬进行在线分选。设备依靠一定形状尺寸的双锥托辊对物料进行输送，并同时可在分选完成后进行装箱、打码的处理。

新西兰的COMPAC公司同样依靠一定形状尺寸的双锥托辊作为物料的承载输送装置，同时依靠机器视觉技术对柑橘等果型较大的水果进行分级，系统对物料信息的处理准确，目前得到了较为广泛的应用。

西班牙的Aleixos研发的柑橘分选机，主要利用多光谱相机进行拍照处理，检测的主要参数为大小尺寸、颜色、表面缺陷，分级速度可达每秒5个。对中国柑橘的识别正确率可达95%以上。

日本自主设计研发的水果大小分选机，主要利用辊与带进行间隙分级，在设备的整个运转过程中，不同大小的水果会通过不同大小的间隙下落到相应级别的水果槽中。分级准确率在95%以上，生产能力超过1.5t/h。

韩国的SEHAN-TECH株式会社是研发果蔬分选机的专业生产厂家。主要生产大小型号各异的各种水果分选设备，分选指标包括重量、大小、颜色、缺陷和含糖量等。多通道的分选机拥有8通道分级线，计算机系统不仅能够对果品信息进行分析并作出判断，而且还能够实时提供水果分选的各种信息，包括水果的大小比例，每小时的分选量等。设备在我国的江苏、深圳、湖北等地得到了较为广泛的应用。

国外在椰枣类的分选方面的研究也相对较多，并设计开发出了一些相关的生产线。例如，Dah-JyeLee以干燥的椰枣（或是自然干燥或是人为烘干）为研究对象，设计开发了一套基于红外成像技术的，集单体化自动上料、输送、实时在线检测和自动分级于一体的机器视觉系统。分级指标主要是大小、果皮的分层程度，分级精度较人工分机提高了10%，生产线的人工需求量下降75%，分级精度90.9%，单通道分级速率约为每秒5个。

2. 国内研究现状

我国开始了自动化分级分选技术的研发，由于起步晚，与发达国家相比差距明显，自动化分级分选的应用和发展还面临观念和技术两方面的挑战。但随着中国科技和经济的快速发展，尤其是国家对农产品产后质量的重视和不断加大农业机械化发展扶持力度，为农产品分拣机器人提供了良好的发展机遇。相比于国外，目前国内的农产品自动化分级分选设备尚处于起步阶段，对农产品无损在线检测分级设备的研究时间并不长，主要的指标基本也停留在大小、重量等基本指标的层面上。一些较深层次的研究也基本处于理论研究水平上，很难研发出可实现在线生产的实用型设备。国外的一些分级设备，技术已相对较为成熟，引进时由于进口设备价格昂贵，让很多农产品的初加工厂家望而却步。目前在国内的农产品分级基本停留在依靠人工进行的粗略式分级模式上。近几年国内的许多高校、科研机构及研发公司也做了大量研究工作。最近几年国内迫于人力成本和市场压力，部分水果生产者和经营者从国外引进了一些比较先进的水果分选生产线，但是价格相对比较昂贵，而且由于我国水果的种类和品质的差异性，因此在中国推广和应用这些生产线有一定的局限性。中国的科研工作者需研究和开发符合中国国情的水果在线无损检测分级技术和设备，并在各大水果企业和水果合作组织中进行推广应用。

目前我国自主研制的6GF-1.0型水果大小分级机，采用先进的辊、带间隙分级原理，工作时分级辊做匀速转动，辊输送带做直线运动，当果实直径小于分级辊与输送带之间的间隙时，则顺间隙掉入水果槽实现分级。

中国农业大学的张东兴教授在以色列ESHETEILON公司生产的电子称重式水果分选机的基础上，对其测控系统进行改造，使其成为适合我国国情的水果分选机，同时对苹果分选机的定位机构进行了研究，并取得了一定成果。

山东省栖霞茂源机械设备有限责任公司生产的GXJ-W系列卧式果蔬分选机，将类似球形的水果或蔬菜如梨、苹果、柿子、桃子、柠檬、石榴、番茄、柑橘、土豆等按重量进行分级，分级效率较高。

中国农业大学食品科学与营养工程学院籍保平教授等针对我国水果的在线检测分级做过一系列的研究。主要针对检测水果的外部缺陷、色泽、尺寸和形状进行检测分级。经过多年的研究，籍保平教授通过改进各指标的算法表达，最终研究出了简单算法，从而提高了分级速度，同时分级准确率也相对较高。设备的分级参数可根据用户的不同需求进行任意调整。

2004年由浙江大学生物系统工程与食品科学学院应义斌等人的课题组研发的一

套水果品质智能化实时检测与分级生产线通过验收，该生产线可以按照不同水果的国家分级标准所需的外部特征信息进行分级，生产量可达3～5t/h。该系统生产线由计算机视觉系统、能完成水果的单列化并均匀翻转的水果输送系统、精确地实施分级的高速分级机构及自动控制系统等部分组成，实现了检测指标的多元化，可以将果品的大小、形状、色泽、果面缺陷等多项指标检测一次完成。

2005年针对水果的品质检测分级，陈晓光等成功研制出了基于机器视觉技术的实时检测与分级生产线，速度可达3～6t/h，设备主要适用于苹果、柑橘、柚子、番茄等形状类似且果体较大的水果。

广东包装食品机械研究所张聪针对水果的外形，用非接触式的测量光幕对水果进行分级，并取得了较好的分级效果。

陕西农机研究所李湘萍研制的6ZF-0.5型红枣分级机，该设备可实现对水果大小单一指标的分级。其工作原理为，由电动机提供动力的传动系统带动栅条滚筒装置转动，枣果跟随栅条滚筒的转动在其内部也会进行相应的转动或移动，在这个过程中通过不同孔径的筛孔进行分级，设备生产率500kg/h，伤枣率<1%，窜级率<3%。

浙江大学应义斌团队和江苏大学赵杰文团队率先研发出了我国拥有自主知识产权的农产品分拣机器人，其项目"基于计算机视觉的水果品质智能化实时检测分级技术与装备"和"食品、农产品品质无损检测新技术和融合技术的开发"均获得国家发明奖二等奖。

除此之外，目前国内也出现了一些农产品分拣机器人制造企业，如江西绿盟、北京福润美农、江苏福尔喜、合肥美亚光电等。但是，这些厂家或机构所开发的农产品分拣机器人其分拣对象通常都是水果，指标主要是外观品质。除外部品质分拣机器人外，目前，国内关于农产品内部品质在线检测方面的研究尽管起步较晚，但经过国内相关研究单位的不懈努力，也已取得了一定的成果，研究单位主要包括浙江大学应义斌团队、中国农业大学韩东海团队、江苏大学赵杰文团队、华东交通大学刘燕德团队、国家农业智能装备技术研究中心黄文倩团队等。

（三）方法与原理

水果分级主要是根据大小、色泽以及缺陷等一个或者多个因素，按照国家、地方或者行业标准进行检测分析，将符合相应条件的水果挑选出来并分级包装，以提高水果自身的价值。根据人工在分级过程中扮演的角色和起到的作用将水果分级方法分成两大类：人工分级法和机械自动化分级法。

1. 人工分级法

该方法是由经过相关培训的工人利用皮尺、选果板和色卡等简单工具对水果的大小和颜色等品质进行手工分级。

人工分级法适用范围广，脐橙、苹果、香蕉和梨等多种水果均可以采用人工分级，在果蔬的粗分拣和精细分级中均可运用，因而适用性强。人工分级轻拿轻放，操作柔和，可以最大限度地避免水果分级过程导致的附带损伤，但是人工分级方法需要大量的劳动力，劳动强度大、效率低，难以满足大批量分级的需求。此外，人容易受到主观因素的影响，分级的稳定性较差，对同一批水果难以依据统一标准进行分级。

2. 机械自动化分级法

目前通过机械自动化方法对水果分级主要有以下3种方式：第一种是基于机械机构上孔的尺寸差异、缝隙的大小或者杠杆机构区分不同等级的水果，该方式主要是根据水果的尺寸或者重量的差异进行分级。现已研制成功的分级装置包括筛孔式水果大小分级机、间隙式水果尺寸分级机、抛掷式水果重量分级机等。这些设备机构简单，分选效率高，但是分选标准单一，分选精度较差且会对水果造成一定的机械损伤，因而应用范围受到较大限制。第二种是基于光电检测器的方式。当水果经过光电检测单元时根据遮光量来检测其尺寸，并利用颜色传感器来判断水果的成熟度。这种非接触的检测方式不会对水果造成机械损伤，但是受到光电检测器数量的限制，水果检测分级的精度不高。第三种是基于机器视觉技术，利用摄像机采集水果表面的图像，通过图像处理的方法获取水果的尺寸、颜色、缺陷等品质参数。机器视觉检测也是一种非接触的方式，属于无损检测。该方式不会对水果造成机械损伤，且具有高效、准确、全面、客观等诸多优点，因而得到了广泛的关注和研究。

总体来看，基于视觉的分级技术多侧重于果蔬外部品质的检测与判定，这与视觉检测特点是符合的——首先需"看得见"才能进行等级的判定。水果的内部品质的检测和等级判定多需要借助光谱学、射线等相关技术实现。

（四）预分级机构

预分级的目的是剔除大小在等级之外的水果，减少视觉分级的工作量，从而提升整体的工作效率，可使用传统的大小分级机。

（五）称重和视觉分级系统

称重传感器可以实现对果实快速、准确地称量，常见的称重传感器有电阻应变式、电容式、光电式、液压式等。其基本原理是利用弹性体的应变效应，将力的变化转换成电阻值的变化，再经相应的测量电路把这一电阻变化转换为电信号，从而完成了重量的检测过程。

视觉分级系统部分由LED光源、工业相机、光源控制器、翻转机构、旋转机构、称重机构、果盘、挡果板等组成。LED光源和光源控制器用于提供稳定的照明条件；旋转电机可以带动果盘整体旋转，使水果的不同侧面暴露在工业相机的视野中；挡果板用于防止水果滑落；翻转电机将水果倾覆到分级执行机构上。

　　获取水果全表面图像是利用机器视觉分级的关键。获取图像的方式主要有单相机和多个相机两种采集方式。单个相机的采集方案利用托盘、传送带、滚轮使水果在经过相机视野时不断地进行翻转，从而使水果不同的侧面暴露在相机视野中，或者借助于镜面成像的方式获取水果不同侧面的信息，但会造成成像的模糊、漏采、冗余、畸变，给后续的算法开发造成很大的挑战。Blasco等提出了利用机械手吸附水果在相机视野里旋转的拍照方式，但存在结构复杂、效率低、冗余信息较多的问题。多个相机的采集方案则利用多个按照一定方位布置的相机对水果进行同时拍照来获取全表面的图像，但传统多相机多与滚子传送机构进行配合，仍会造成图像的模糊、冗余等问题。李庆中等利用3个工业相机、托盘运送水果、镜面成像的方式获取水果表面的彩色和近红外波段的图像信息，但仍然存在漏采、分割算法复杂的问题。可采用工业相机配合旋转的托盘采集水果的表面图像，电机带动水果使水果的不同表面暴露在相机的视野中，拍照时水果处于静止状态，可以获得水果表面清晰的图片。获取果实后，使用平滑去噪、灰度变换、图像分割技术对图像进行预处理，提取感兴趣的特征，并根据特征进行分类，图像处理流程如图3-56所示。

图3-56　图像处理流程

（六）分级执行机构

　　分级执行机构由滑道、分级执行电机、拨爪、输果管道等组成。滑道上有多个圆孔，并在每个圆孔下方设置对应不同等级的分级管道，以备不同等级的水果从相应的圆孔落入其中。滑道上设有多个呈直线排列的拨爪，每个拨爪均为圆弧带状，并与滑道平面相垂直。当处于工作状态时，每个拨爪的开口均朝向滑道的上端，使其能够兜住沿滑道滚落的水果。每个拨爪分别临近一个圆孔，且每个拨爪的中间底部设有转轴，使拨爪能够绕该转轴转动，将兜住的水果拨入相应的分级管道内或使水果继续滚动。转轴穿过滑道面后与相应的分级执行电机相连。拨爪和滑道的表面包裹有硅胶发泡板，可避免水果碰伤。

　　摘下水果后，根据重量和视觉信息判定水果的等级，并根据水果的等级信息计算分级电机的运动参数，分级电机控制器根据指令按照预设的逻辑控制各个分级执行电机依次动作。将水果从果盘中倾覆到滑道后，水果在重力作用下沿滑道向下滚动，并被第一个拨爪兜住。如果是一等水果，控制该拨爪的电机将驱动拨爪顺时针旋转90°，使水果落入紧邻该拨爪的第一等分级管道中。如果是二等水果，则该分级电机驱动该拨爪逆时针旋转180°，使水果继续沿滑道滚动，并被后面的第二个拨爪兜住。

与该拨爪相连的分级电机工作，带动该拨爪顺时针旋转90°，使水果被拨入旁边的二等水果分级管道中。其他等级水果的分级程序以此类推。末等的分级管道位于滑道的底端，并处于最后一个拨爪的正后方，使该拨爪转动180°时，可以使水果滚入该管道中。每个拨爪完成相应分级动作后均自行回到初始位置，为下一个水果的分级做好准备。

（七）控制系统

控制系统是分级系统的核心，也是影响分级性能的关键部分之一。控制系统的主要任务如下。

（1）上位机节点的控制系统负责控制分级系统的各个子系统，协调视觉分级模块、称重模块、分级执行机构等之间的运行流程及分级系统与采摘机器人控制系统的运行流程。同时提供良好的人机交互界面，以便于对分级系统进行控制参数的调整与设置。

（2）下位机节点的控制系统负责控制执行器完成特定的功能，比如称重模块的控制系统需要完成数据采集与计算，根据预设的规则进行等级评判，与其他节点实现通信等功能；分级执行模块的控制系统负责根据其他节点的通信结果，控制执行机构动作，将水果输送到相应的果箱中。

第四节　其　他

一、自动移栽机

（一）技术需求

多数蔬菜品种（约占60%）都是采用育苗移栽方式种植，而秧苗手工栽植需要弯腰和肢体屈伸的劳动，如图3-57、图3-58所示。人工移栽的平均速度只有每小时800～1 000棵，但连续工作会使人疲劳，很难长久保持高效率。从劳动强度看，手工栽植是仅次于收获作业的一项劳动强度非常大的农事活动，它约占作物从种到收所需总劳动量的20%。传统的以手工作业为主的移栽方式不仅工作量、劳动强度大、生产效率低，而且设施内作业环境较差，高温、高湿、通风不良，不适合人工长期作业。

自动化移栽机器人可以解放人的手工劳动，使移栽速度提高4～5倍，并且移栽质量稳定。目前，自动化移栽机器人多为一套机电一体化设备，能够从高密度盘移栽幼苗到低密度盘，也能从盘移栽幼苗到生长盆。

图3-57　手工移栽　　　　　　　　图3-58　人工移栽器移栽

（二）国内外研究进展

1. 国外研究进展

温室穴盘苗移栽机相关研究的报道最早始于美国Purdue大学的Kutz等人。早期的温室穴盘苗移栽机一般以工业机器人为主体，通过安装不同的末端执行器进行移栽作业。由于生产和销售需要，作物的幼苗在生长后期有些需要移栽到花盆内，有些则需要移栽到较大的生长穴盘内。研究者结合温室穴盘苗移栽的特点，开始设计独立的机电一体化系统，根据需要将温室穴盘苗移栽到生长穴盘或者花盆内。多数温室穴盘苗移栽机的设计研究是针对市场上通用的育苗穴盘，少数则需要配备专口设计的育苗穴盘。随着研究的深入和发展，温室穴苗移栽机渐渐摆脱了对工业机器人的依赖，开始拥有独立的机电系统，主要包括控制模块、传输模块和移栽执行模块，后期的研究根据需要又增加了视觉检测模块，使整个移栽系统更加智能化。

早在1987年，Kutz等人在Purdue大学以Puma560机器人为本体设计了一款苗圃植物移栽机器人，通过CAD技术对移栽作业任务进行建模，模拟移栽作业所耗费的时间，并进行试验验证，对比移栽幼苗所需的时间，确定了系统的最优布局（耗时最短）。其末端执行器由一个Unimation510气缸和一个夹持装置组成。取苗时，夹持装置的两根相对倾斜的夹片各向中心偏移3mm，提供大约4N的夹持力。他设计了一种"L"形的末端执行器作业路径，避免夹片从上方接近穴盘时对幼苗造成挤压弯曲损伤。但由于穴盘内基质的表面不平整，会导致一些苗的抓取失败。该移栽系统可以在3.3min内将36株幼苗从392孔的育苗穴盘移栽到36孔的生长穴盘内，对番茄苗和万寿菊的整体移栽成功率高达96%。

2000年以后计算机控制技术快速发展，使得为移栽机配备独立的机电系统变得容易起来，由此便出现了一类龙门架式三坐标结构的具有专用机电系统的温室穴盘苗移栽机。近年来，一些发达国家依靠技术与资金方面的优势，已成功研制出一些工作效率高、可靠性强的穴盘苗自动移钵机，并把它们广泛应用于生产实践，其中最为成熟的设备是由全球最大的温室园艺设备供应商荷兰飞梭国际贸易工程公司（Visser Group，Holland）研制生产的PC-21型穴盘苗全自动移栽机。该系统能够适应64~72孔穴盘移栽，主体结构为龙门架式三坐标机构，能够携带两排移栽手臂完成空间三坐标的平移定位功能，在其两排机械臂上分别装有6个针式夹取机构，采用指针插入式结构，取苗成功率较高，其平稳运行下取苗效率达到了惊人的12 000~16 800株/h，是人工移栽的15~20倍。

2001年韩国Ryu等人借助笛卡尔坐标系开发出一种育苗移栽机器人，在室内静态试验中其移栽效率可达20~25株/min。其机械手由步进电机、气缸、气动卡盘和夹取指组成。电机的作用是使指针在夹取前旋转至适当的位置以避免夹苗时损伤叶片；气缸的作用是推动指针插入苗坨；气动卡盘的作用是通过开合来实现对穴苗的抓取、保持和释放，当土壤湿度较低时，该机械手移栽就不能很好地完成移栽任务。为此，Ryu等人针对这一问题进行了改进，改进后的夹取器的2个手指呈15°，每个手指均由1个气缸驱动，其灵活性和可靠性有所提高，但结构相对复杂。

2002年韩国Choi研制出一种蔬菜移栽机，如图3-59所示，其移栽机械手由五杆形成的路径发生器、夹取指针和指针驱动器3部分构成。样机试验证明苗龄、指针插入深度、夹持位置和抓苗速度对移栽成功率均有影响，每分钟抓30株23d苗龄的苗，成功率为97%。

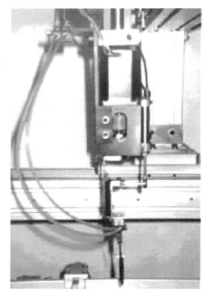

国外的龙门架式温室自动移栽机技术已经较为成熟，取苗效率也达到了相当高的水平，但使用串联工业机器人机构为主体的移栽机结构复杂、价格昂贵、体积庞大、相对移栽频率低，与我国现阶段设施农业的生产模式并不匹配。

图3-59　韩国Choi研制的移栽机械手

2. 国内研究进展

国内在温室穴盘苗移栽机的研制方面仍处于起步阶段，与发达国家相比有着较大的差距，这种差距主要在于我国在移栽机结构上仍然学习国外的成熟设计，但是却无法接受相应的成本。随着对自动化移栽机需求的提高，近年来国内对自动化穴盘苗移栽机的研究开始增多，不过目前的研究比较零散，多处于尝试和试验阶段，没有比较成熟的商业产品问世。

1996年吉林农业大学范云翔等设计了一种采用真空自动化投苗装置的温室全自动移钵机，它的伤苗率和漏苗率都处在较低水平（漏植率小于2%，伤苗率小于1%），不过该系统只能用于水稻秧苗的移栽，如果用在蔬菜或花卉的移栽上，就会造成很大比例的植株茎叶折断。

自2000年以后，国内也同样出现了一批具有龙门架式三坐标结构的具有专用机电系统的温室穴盘苗移栽机，其中重要的代表有2005年的中国农业大学强丽慧等人设计的生菜自动移栽机，如图3-60所示。浙江大学任烨等人设计的一种搭载了机器视觉识别系统的移栽机器人，其移栽成功率能够达到82.5%，提高了移栽系统的智能化程度。2012年，北京农业装备智能研究中心的冯青春、王秀等人研制了一种基于三坐标平移串联机器人机构的花卉幼苗自动移栽机。2015年，江苏大学的胡建平、王留柱等人设计出一款集自动填土、打穴、穴盘定位输送、准确定位抓取、快速平稳栽植的高性能成套全自动移栽系统，每小时最高可以达到900个作业循环，并且合格率高于90.23%。可见国内在研制穴盘苗移栽设备上的努力和进步，但由于龙门架式的移栽机构本质仍是多层平面机构的组合，其柔性化和灵活性难以实现，加上其自身体积庞大，重量惯性大，成本高昂等缺点，在国内难以推广和实现产业化。

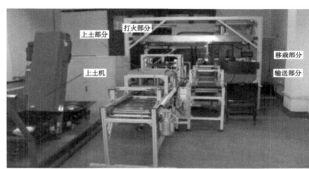

图3-60　生菜自动移栽机全自动移栽系统

2013年江苏大学的胡建平、綦春晖、严宵月等将平面二自由度并联机构Diamond机构应用于穴盘苗补苗，开发了一套对应的视觉识别系统，并研制出相应的实物样机，如图3-61、图3-62所示，但其平面机构的特性使其在实际应用时受到诸多限制，对精密的穴盘输送系统的依赖使其柔性化能力及移栽效率无法得到大幅度的提升。

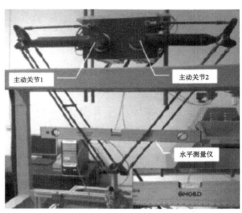

图3-61　基于并联机构的移栽机　　　　图3-62　基于Diamond机构的移栽系统

2011年，南京农业大学尹文庆、胡敏娟等人通过对取苗末端执行器的研究，设计了一款新型的滑针型取苗器。这种取苗器结构简单、便于控制。通过对其性能的研究分析发现，取苗爪滑针的刚度对苗坨完整性有较大的影响，刚度越大，苗坨的完整性越好。经移栽试验，该滑针型取苗器取苗成功率较高，达到83%，能够满足植苗需求。

2016年，郭林强等设计了一种以伤苗最小化为目的的取苗爪，该取苗爪用气缸驱动，为四针式结构，结构简单便于易损件的更换。

（三）总体结构与原理

移栽机需要完成的动作包括两部分，一部分为末端执行器能够完成抓取和投放幼苗两个动作；另一部分为搭载末端执行的动平台，能够在空间内完成至少3个坐标方向的平移动作，在进行管道移栽或扦插作业时存在一个角度的转动。移栽机器人由框架结构、移栽机械手及输送装置三大部件组成。

一条输送装置通过链传动将培育好的穴盘苗输送至并联移栽机器人作业区域，且通过安装在链条上的穴盘挡板间隔开每个穴盘，整体的框架结构用于安装并联机器人的静平台，确定移栽作业区域。移栽机械手与输送装置集成后，输送装置通过驱动电机驱动链轮转动，带动链条运转；电机转动一定的圈数后，穴盘挡板推动穴盘移动一定的距离，到达指定移栽作业区域后停止输送装置的驱动电机等待移栽作业。移栽机械手的驱动电机布置在静平台上，驱动移栽机械手的驱动电机，通过PLC控制末端取苗爪的移栽作业。

（四）末端执行器

移栽机器人末端执行器是直接接触目标作物的设备，是移栽机器人的核心。与采摘机器人相比，移栽机器人的末端执行器的作业环境和工作对象有其特殊性，主要表现在如下方面。

（1）苗坨性质的影响。移栽机器人末端执行器在进行移栽作业时手指的夹持部位是由基质构成的苗坨。所以为了使幼苗能被顺利取出和保持，要求手指夹持力不能超过苗坨的破坏强度。而影响苗坨破坏强度的因素有很多，包括基质成分、基质含水量和幼苗根系结构等。

（2）穴盘槽尺寸的限制。采摘机器人末端执行器的手指尺寸不受其他外界条件的限制，只需手指张开时的尺寸大于果实的尺寸即可。移栽作业的取苗过程是通过末端执行器手指插入穴盘孔里基质内完成的，这就要求末端执行器手指张开后的尺寸不仅要大于穴盘苗苗坨的尺寸，而且还要小于穴孔的尺寸，这样便限制了手指的结构和尺寸。

按照驱动方式和手指形式的不同，移栽机器人末端执行器主要分为以下几种类型。

1. 驱动方式

移栽机器人末端执行器按驱动形式主要可分为气动驱动、电机驱动、电磁驱动3种形式。其工作过程为，由驱动部件产生驱动力，经过传动部件的传动，使手指完成入土、夹苗、持苗和栽苗的动作，并由视觉传感部分检测穴盘里的弱苗和缺苗以及是否将苗顺利夹取，以提高作业效率。传感部分还能检测加持力的大小，以保证苗坨不被夹破，提高移栽成功率。

（1）气动驱动末端执行器。采用气动驱动的末端执行器由于其便于控制、结构简单紧凑，所以大部分移栽机器人的末端执行器都采用气动驱动。

气动驱动末端执行器虽然有便于控制、结构简单紧凑等诸多优点，但气动驱动需要有气源提供，既增加成本，又增加设备体积，也不便于移动作业，且由于空气的可压缩性也使其控制方式单一，难以实现准确的位置及速度控制。

（2）电机驱动末端执行器。电机驱动主要包括步进电机和伺服电机，电机驱动能实现手指高精度的位置和速度控制。电机驱动末端执行器电机的安装会增加末端执行器的自重和体积，且电机驱动一般是对位置和速度进行控制，可以实现位置和速度的实时控制，但同时其控制相对复杂。

（3）电磁铁驱动末端执行器。电磁铁也叫螺线管，可分为直流和交流2种，通过给线圈励磁即能使可动铁心做往复运动。根据可动铁心的动作，可分为推式、拉式、推拉式3种运动。

2. 手指形式

（1）手指指数。末端执行器手指张开后的尺寸不仅要大于穴盘苗苗坨的尺寸，而且还要小于穴孔的尺寸，对手指的结构尺寸上有所限制，所以移栽机器人末端执行器的手指一般是结构简单尺寸较小的针形或扁平状铲形手指。手指针数一般有2指、3指、4指，指针数越少结构越紧凑，指针数越多抓苗越稳。手指前端一般都会设置推苗指环或针筒，针筒可以在手指退回时将苗推出，以避免幼苗粘在手指上，保证幼苗的顺利释放。

（2）手指材料。手指材料分为刚性材料和柔性材料，刚性手指是指用刚性材料做成的手指，手指在入土夹持过程中不发生形变。柔性手指是指用柔性材料做成的手指，在入土过程中手指在导向管的作用下发生弯曲变形。柔性手指在入土过程中会发生弯曲，手指入土角度会随着入土深度的改变而改变，造成手指受到的土壤反作用力的角度也发生变化，使夹苗不稳。对于夹持机构，夹持对象的质量、压缩特性、摩擦因数等是很重要的因素。移栽机末端执行器手指必须最低程度地破坏基质，避免损伤幼苗。手指机构的结构设计应尽可能地力求简单且容易调整。

因此，移栽机器人末端执行器在设计时需考虑以下几个关键问题。

（1）驱动选择。电机驱动主要有步进电机和伺服电机，但步进电机容易出现的丢步现象使控制不稳定；而伺服电机为了获得足够大力矩需要配备减速装置，增加了末端执行器的尺寸和成本。气动和电磁驱动的末端执行器手指只有完全闭合或者完全张开这两种位置状态，手指运动的中间过程不可控，由于不同的基质所需要的手指入土力也不同，所以要对气动和电磁驱动末端执行器进行严格的力、运动分析，以确定驱动器所需的气压或通电电流。

（2）作物栽培模式。目前，市场上的商用移栽机器人都是针对育苗穴盘到生长穴盘的移栽，其特点是育苗穴盘和生长穴盘在同一水平面上，穴盘的尺寸规格固定、穴盘苗的位置精度可以得到很好的控制，这样的栽培模式有利于实现幼苗的自动化移栽作业。但在现有的设施农业的栽培模式中还有很多产量更高、效益更好的栽培模式，如可以大大提高温室种植面积的立柱式栽培、阶梯式栽培、墙体栽培等，这些特殊的栽培模式因其空间位置的立体性及不确定性，使幼苗的识别定位难度增加，栽培角度变换问题使手指在入土时存在复杂的侧向力，这些都使移栽作业自动化难度更大。

（3）感知能力。末端执行器的感知能力主要靠视觉和传感装置来实现，高灵敏度的视觉和传感部分对于一个智能化移栽系统非常重要。视觉系统的主要作用是根据目标表面的光学特性及形状信息，区分目标对象与背景，并获取对象特性，如果实的成熟度、幼苗的生长状态、果实的表面损伤与缺陷等，对对象目标进行识别和定位，为末端执行器提供必要信息。传感器部分可以用来计数、检测手指受力情况以及手指是否取到了幼苗。

现有研究成果多是利用光纤传感器、光电传感器及CCD照相等技术对水平位置穴盘里的幼苗进行识别和定位。目前，这方面的研究已比较成熟；但对于特殊的栽培模式如立柱栽培的幼苗进行识别和定位的研究很少，对于立体栽培模式会存在栽培设备对幼苗的遮挡或幼苗之间的相互遮挡，识别定位的难度增加。

（五）应用案例

1. 温室并联移栽机器人

江苏大学周昕等人设计的温室并联移栽机器人，设计如图3-63所示，样机如图3-64所示。选择黄瓜苗作为移栽对象，品种为天津科润农业科技股份有限公司黄瓜研究所研制的津优1号。育苗时，首先准备好育苗基质，体积配比按照草炭、蛭石、珍珠岩为3∶1∶1，加水搅拌均匀至湿度30%左右，要求基质不能成团；再将基质装入128孔的穴盘，装入时稍微用力，使得基质充满穴孔，并抹平多余基质；将数个空穴盘叠起来，放在已抹平基质的穴盘上方并对齐，用力均匀向下压，压出的深度8～10mm（所有深度要一致，以便出苗整齐）；最后，将准备好的黄瓜种子平放在穴盘孔中，每个穴放1粒，覆盖1层10～15mm厚基质，并抹平多余基质；将播种好的穴盘放入水盆里浸水，直至浸透。

图3-63　设计图

图3-64　并联移栽机器人系统样机

在距离黄瓜下种育苗3周后，苗株整体高度约为10cm，略有差异，待到育苗第4～6周，苗株整体高度约为12cm。农艺研究表明，此时苗株主要是提升自身的盘根性，株高变化不大，是最佳移栽时机。将以128孔穴盘作为初始育苗穴盘，待苗株生长到6周时，将黄瓜苗移栽到72孔穴盘。每个穴盘孔中的黄瓜苗株的含水率在60%～70%时进行移栽，合格率最高。

2. 番茄自动移栽机

2018年，山东农业大学的王洪波、展开兴等人为满足高速自动移栽的要求，提高移栽质量和生产效率，设计了一种番茄自动移栽机栽植机构，如图3-65所示，并开展了田间试验，作业时机组速度为0.9～1.5km/h，试验用地经过机械深挖、旋耕、细整（土块细碎均匀，无坚硬物，无长秆茎类）、起垄，土壤含水量适宜（过湿、过干会影响作业效果）。试验过程中样机运转平稳，主体工作部件能够有效完成移栽作业，工作过程协调而顺畅。移栽完成后，采集120株番茄苗状态数据，并对其进行统计计算，最终得出番茄苗直立度均大于75°，直立度优良率高达96.7%，能够满足番茄移栽的农艺要求。通过对番茄移栽机的技术性能试

图3-65　自动移栽样机

验测定，株距误差和行距误差均小于15mm，漏苗率、埋苗率和伤苗率均小于5%，满足设计要求。

二、自动精量播种机

（一）技术需求

传统的蔬菜种植模式采用人工撒播为主，需要大量劳动力，同时严重浪费种子，增加生产成本，播种质量低。随着人们生活水平的提高，对蔬菜的需求量增加，蔬菜种植面积增大，蔬菜种植开始向机械化、精量化方向转变。智能化播种机械能根据播种期田块的土壤墒情、生产能力等条件的变化，精确调控播种机械的播种量、开沟深度、施肥量等作业参数。播种机的使用可以大大提高播种效率、减轻播种劳动强度、减少人工劳动成本、节省大量的种子、便于作物的管理和收获以及增加作物产量，精量播种机械可以很好地适应现代农业的要求，节约种子、增加农民收益，精量播种已经成为未来农业的发展方向。

（二）国内外研究现状

1. 国外研究现状

国外穴盘育苗播种机发展起步较早，已有50多年的发展研制历程。经过多年的发展，国外研制出了多种机型，各类产品比较成熟，自动化程度较高。目前，国外生产穴盘育苗播种机的公司主要有美国的Blackmore和SEEDERMAN、英国的Hamilton、意大利的MOSA、荷兰的VISSER、澳大利亚的Williames以及韩国的大东机电等。美国Blackmore公司生产的气吸针式播种机，如图3-66所示，其最大的特点是可以播种多种类型的种子，从秋海棠到各种瓜类，甚至南瓜、豌豆、玉米和黄豆等。特殊的双排针式播种结构保证播种效率不低于300盘/h。

图3-66　Blackmore公司气吸针式播种机

　　美国Blackmore公司生产的气吸滚筒式播种机，如图3-67所示，通过4个独特的可选择的气缸盖进行驱动，可以实现种子和穴盘的更换。只需"点击"所需孔的尺寸和穴盘的类型就能在1min内完成更换，不需要人工去更换滚筒，既方便又高效。播种精度高、速度快，播种效率不低于1 200盘/h。

图3-67　Blackmore公司气吸滚筒式播种机

　　美国SEEDERMAN公司生产的GS2型全自动针式播种机，如图3-68所示，工作效率为180盘（288穴）/h或120盘（512穴）/h。相比于GS1半自动播种机，工作效率更高，操作更加方便，可靠性更强。

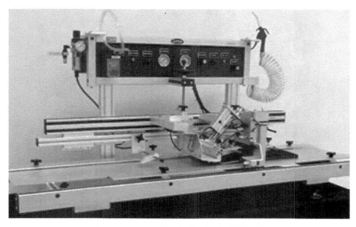

图3-68　GS2型全自动针式播种机

　　荷兰VISSER公司生产的Granette2000Tex型双排针式播种机，如图3-69所示。该播种机可以使用可编程TEX电脑进行多种播种模式的设置并储存在机器中。Pro-Kit模块可以存储更多的设置，如吸嘴的真空度、播种棒的振动和种子料斗的振动。凭借独特的喷嘴设计，Granette播种机的播种精度非常高。喷嘴具有独特的自清洁机构，在每个播种周期后都会进行自清洁，减少了吸嘴的堵塞。如果堵塞比较严重，无法通过自清洁解决，监控系统会发出报警，从而减少漏播率，提高播种精确度。

图3-69　Granette2000Tex型播种机

VISSER公司生产的一种机器人播种机，如图3-70所示，主要用于小批量种子的播种。该播种机的特点是可以将不同的种子播种在同一个穴盘上。而且种子的播种位置可以根据不同的穴盘规格使用播种机上的软件通过编程来确定，并储存在程序中。机器人播种机播种灵活性更高，可以完成一些有特殊播种需求的工作。

图3-70　播种机器人

国外发达国家已具有较为完整的以集排式播种装置为核心平台的精密播种作业体系。根据排种工作原理，集排器可分为气力输送式、机械式和气流机械式等。气力集排式播种机较为典型的生产商主要有美国凯斯（CaseCorp）公司、满胜（MONOSEM）公司和约翰迪尔（John Deere）公司，德国阿玛松（AMAZONE）公司和雷肯（LEMKEN）公司，意大利马斯奇奥（MASCHIO）公司和法国的库恩

（Kuhn）公司等。

　　气力输送式播种机主要是以气流为载体，通过气流对种子进行输送，运用气流分配系统完成分配排种，简化了整机结构和传动系统，使机具拥有更高的作业速度的同时获得更大的工作幅宽。美国约翰迪尔（JohnDeere）公司研发的1835气吹式播种机，排种器的通用性较高，保证了高速作业下的播种质量，整机稳定性较好，具有较大工作幅宽，可以拥有较高的作业速度，如图3-71所示。

图3-71　约翰迪尔气吹式播种机

　　美国SOLA公司研发的A6000SM气吹式条播机，如图3-72所示，其采用的中央集排气送式精量排种器，具有作业速度快、稳定性高、通用性好等特点。

图3-72　SOLA气吹式条播机

　　马特马克气吹式条播机具有很好的气压适应性，如图3-73所示，在合理的气压状态下，其播种漏播率处于1.2%以下，播种粒距的合格指数较高，精密排种效果较好。

图3-73　马特马克气吹式条播机

德国阿玛松（AMAZONE）公司研制的Cirrus4003-2气吹式条播机，如图3-74所示。排种稳定性高，且分配均匀性好，能够在高速作业状态下实现精量播种。

图3-74　阿玛松气吹式条播机

20世纪80年代，美国凯斯（Case Corp）公司推出的Cyclo系列播种机配备的是气送式集排器，其关键核心部件是一个不锈钢滚筒，其圆周方向上具有吸种孔，气流通过吸种孔吸附种子，并且可以通过更换滚筒的方式实现玉米、大豆、高粱等作物的播种。德国Lehner公司最新研发了一种Vento型机械定量气送式集排器，种子经由型孔轮式排种滚筒定量排到输种管道处，被均匀排出的种子受到正压气流的作用，沿着输种管均匀落入种沟，完成排种过程，该排种器的播种通用性较高，可满足多种作物播种要求。

美国依阿华州生产的"ACCU-PLANT"播种机控制系统可附加在各类播种机上，通过该系统调控播种机上的播种量计量装置，实现不同地块的播种量调整。另外，部分条播机还加装了同时撒施肥料、杀虫剂和除草剂的撒施装置，将这些装置的驱动机构与播种机计量装置连接在一起，能实现撒施量与播种量大小的同步调整与变化。

2. 国内研究现状

我国对精量排种技术的研究始于20世纪70年代初，早期主要对机械式精量播种机进行研究。国内学者通过引进、借鉴国外播种机，设计出了一些机械式精量播种机。但是由于受到国内自然条件和社会条件的影响，播种机的研发还不够完善。

袁文胜等设计了一种异形孔窝眼轮式油菜排种器，通过合理布置窝眼（主要包括型孔布置方式、型孔尺寸等）解决传统排种器无法适应油菜等小粒种子难以精量播种的问题，并通过正交试验研究了各相关因素对排种均匀性、合格率、漏播率和重播率的影响。华中农业大学曹秀英等针对传统机械离心式油菜排种器型孔易出现堵塞的问题，研究了离心式精量排种器的型孔结构形态，设计出一种离心旋转盘式排种器，有效解决了后续断条的问题，整体结构简单。周海波等研究并设计了一种定量供种装置，实现了较好的供种效果，分析了现有外槽轮式排种装置充种不均匀形成因素，设计了电磁振动匀型外槽轮结构，从定量供种理论与试验研究角度实现了均匀定量供种，该研究内容及结论分析为精密排种器的数字化设计提供了参考依据。李兆东等确定了影响排种性能的相关试验因素的范围，以清种气嘴结构、排种轴转速、清种流速等为试验因素，研究几种试验因素对气压式集排器吸排种性能的影响，大大提高了气压式油菜精量集排器的排种性能。北京工业大学植物工厂工程技术研究中心研制的GD253-1全穴盘自动化海绵基质播种机属国内首创，可实现300盘/h的播种效率，可为200穴、128穴、100穴、75穴、50穴等规格海绵基质进行播种作业。郝向泽等采用红外检测装置获取种子下落时的脉冲信号，脉冲信号经单片机处理后统计种子下落时间间隔，并与设定理论时间间隔相比较，计算漏播率、重播率及排种量。刘坤等设计了一种基于光电传感器和转速编码器的播种监测方法，用于对导种管排空和堵塞报警以及测定排种量，能够获得100%的空堵报警率和98.37%的播种检测精度。任守华等设计了一种基于编码传感器的播种深度控制方法，通过测定仿形拖板与机架间的角度关系，获得了0.75cm的播深控制精度。史增芳等研究了基于PLC监测系统的远程控制播种机，实现了播深、播种量和播种机行驶方向的实时监测和精确控制。国内还研制了基于全球定位技术（GPS）的智能变量播种、施肥、旋耕复合机，并在一些农场投入使用。此类机械具有复式作业功能，可一次性完成耕整、播种、施肥等多种功能，适用于小麦、大豆、油菜等多种作物，并且操作简便，通过电脑触摸屏调控机具作业参数。

（三）总体架构及设计原则

自动精量播种机由自主移动平台及排种器组成，自主移动平台实现播种机的自主移动功能，排种器实现精量播种功能。

（四）自主移动平台

自动精量播种机移动平台一般为具有自主导航功能的拖拉机。一般由基于液压、CAN总线和机械式多种辅助驾驶控制的无人驾驶控制系统，同时利用北斗系统姿态定位定向原理，基于北斗系统RTK数据，实现播种作业装备实现无人驾驶自主导航功能。

（五）排种器

排种器是决定播种机优劣的关键核心部件，其性能直接影响到播种机工作质量和性能，从而影响作物收成。

育苗播种机根据排种器的工作原理可分为机械式、磁吸式和气吸式3种。

1. 机械式

机械式蔬菜播种机目前是主流，主要原因是机械式蔬菜播种机结构较简单、制造和维护成本低、性能可靠稳定。按排种器分主要有水平圆盘式、倾斜圆盘式、外槽轮式、窝眼轮式、型孔轮式、垂直转勺式、指夹式和带式等30余种，机械式的排种器对种子形状、质量要求严格，蔬菜种子较小，采用机械式精播机进行蔬菜播种时要进行丸粒化处理。但小粒径蔬菜种子种植时，由于机械式播种机对种子损伤较大，应用受到了一定的限制。

2. 磁吸式

磁吸式播种机主要由滚筒、磁吸头、种箱、穴盘传送带和电机组成。工作时，排种器上的磁吸头接通直流电，磁吸头产生稳定磁场，当磁吸头转到种箱位置时，种箱放有磁粉包衣的种子会在磁力作用下吸附在磁吸头上，当吸有种子的磁吸头运动到滚筒下方的穴盘处时，电流被切断，种子由于失去磁力的作用，会在重力和离心力的作用下落下。磁吸式播种机能够播种多种类型的种子，播种不同的种子时，只需要改变电流的大小来调节磁力的大小以适应不同千粒质量的种子，不需要更换滚筒，操作非常方便。但是，在播种前需要对种子进行磁粉包衣处理，而且对种子包衣的质量要求较高。种子包衣质量的好坏直接影响播种机的工作性能，同时也会增加生产成本。

3. 气吸式

气吸式播种机，其排种器的主要工作部件为吸嘴。当吸嘴运动到种箱时，气泵给吸嘴提供负压，将种子吸附在吸嘴上；当吸嘴运动到穴盘上方时，吸嘴气压由负压切换为正压，种子在气流和自身重力作用下落下。气吸式播种机的伤种率很低（接近于0），不需要对种子进行特殊处理，可以直接播种。播种机通过更换不同的吸嘴，可以播种不同种类的种子；气吸式穴盘育苗播种机工作时，尽量避免吸嘴发生堵塞，吸嘴一旦发生堵塞会严重影响播种机的工作性能。目前气力式播种机播种圆粒种子的效果最好，播种非圆粒种子的效果稍差。

根据气力式排种器的设计样式，气吸式播种机可分为板式播种机、针式播种机和滚筒式播种机。板式播种机针对规格化的穴盘，配备相应的播种模板。工作时真空泵给播种模板提供负压，将种子吸附到播种模板，然后将种子播种到对应规格的穴盘中。板式播种机的主要特点是一次播种1盘，而且操作简单；此播种机结构较简单，成本较低，适用于较小规模的生产。由于排种器为板式结构，播种模板面积较大，内部气压分布不均匀，导致各个穴孔气压不稳定，播种均匀性和精确性较差。针式播种机工作时，针式吸嘴管在摆杆气缸的带动下，在种盘和排种管之间往复运动。当吸嘴管到达种盘上方时，真空发生器产生真空使吸嘴管空腔内形成负压，将种子吸附在吸嘴上；当吸嘴管到达排种管的上方时，真空发生器产生正压气流，将种子吹落到排种管，种子沿排种管落入穴盘中。针式播种机配备有多种不同规格的针头，在播种时，根据种子的形状、尺寸来选择合适的针头进行播种，其主要特点是操作简单、适用面广。

针式播种机也存在一些问题，主要缺点是针管又细又长，吸嘴容易被种子中的杂质堵塞，而且堵塞后很难清除杂质。吸嘴一旦被堵塞，不仅会影响播种精度，也会对生产效率产生较大影响。由于排种器的主要工作部件——吸嘴管运动形式为往复运动，其工作时要克服自身的惯性力，因此这也使得针式播种机的工作效率不会太高。为了保证较高的工作效率，由原先的单排针式播种机逐渐发展成一部分双排针式播种机，提高了工作效率。

滚筒式播种机由带吸嘴的滚筒进行播种，滚筒的线速度与穴盘传送带的速度相同，可以实现连续运动，相比针式播种机的间歇式运动，滚筒式播种机在工作效率上有很大的提高。播种滚筒分为负压吸种区、正压排种区和正压清孔区，而且吸种区、排种区和清孔区的位置是固定的，不随滚筒转动而改变。滚筒外部沿母线方向分布有多排吸嘴，吸嘴随滚筒一起转动，每排吸嘴依次经过吸种区、排种区和清孔区，完成一个完整的排种过程。当吸嘴运动到吸种区时，吸种区为吸嘴提供负压，吸嘴经过种盘时，种子会被吸附在吸嘴上；当种子到达穴盘上方的排种区时，吸嘴与排种区接通受到正压，此时种子受到正压气流的作用落入下方的穴盘；最后，吸嘴运动到清孔区，清孔区提供更强的正压气流，对吸嘴孔进行冲洗，准备下一次吸种工作。滚筒式播种机的主要特点是播种效率高，可达600～1 200盘/h，适用于常年生产某一种或几种特定品种的大型育苗企业进行批量生产。

由于气吸式排种器具有播种通用性好、种子破损率低、作业速度高等优点，气吸式排种技术已成为精密播种技术的主要发展方向。

第四章　农业智能作业装备产业发展方向与思路

　　农业智能作业装备是农业发展和科技创新的产物，在实际生产中具有重要意义。我国作为世界上最大的发展中国家与第二大经济体，不但要高度重视机械自动化的实际运用，更要重视机械自动化的智能化发展趋势。《中国制造2025》中明确指出"在农机装备领域，重点发展粮、棉、油、糖等大宗粮食和战略性经济作物育、耕、种、管、收、运、贮等主要生产过程使用的先进农机装备，加快发展大型拖拉机及其复式作业机具、大型高效联合收割机等高端农业装备及关键核心零部件。提高农机装备信息收集、智能决策和精准作业能力，推进形成面向农业生产的信息化整体解决方案"。目前，我国农机制造的体系基本健全，技术水平逐步提升，开放合作也初显成效，有力地保障了我国农业机械化的稳步发展。但在发展过程中确实存在着不平衡、不充分的问题，特别是一些先进适用的农机装备有效供给还不足，缺门断档和中低端产品过剩的问题并存，还有机具的可靠性和适用性有待进一步提升，农艺与农艺融合不够。随着国家农机产业发展环境的不断优化和扶持政策的日益完善，农业智能装备产业迎来了前所未有的发展机遇。

第一节　注重技术创新与集成

　　与发达国家相比，我国农业机械化发展的研发能力、制造水平、产品质量、生产效率等方面仍有较大差距，仍存在核心技术缺乏、产品结构不合理、制造技术能力低、农艺农机融合与全程机械化配置性差等问题，要提高我国农业机械的水平，技术的创新与集成是第一步，也是关键的一步。

　　农业作业装备对象是土壤、动植物等有系统组织结构和生物活性的客体，它只有与农业科学和生物与生命科学技术相互交叉、渗透、融合，才能满足现代农业生产工艺技术要求。农业生产系统的开放性，要求农业机械适应农业生产环境的时空变化、动植物生理生态的变化，采取精确、恰当的作业，计算机辅助决策技术、信息技术等高新技术的应用必然成为农业机械技术发展变化的总体趋势。随着现代信息技术的发展，物联网、大数据、人工智能对农机装备智能提升的作用，特别是人工智能中的神经网络、算法及其学习等，对提高农机装备的智能起着重要作用。所谓技术创新，包括开发新技术，或者将已有的技术进行应用创新。技术集成是自主创新的一个重要内容，它通过把各个已有的技术单项有机地组合起来、融会贯通，集成一种新产品或新的工艺生产方式。技术集成创新的主体是企业，其目的在于有效集成各种技术要素，提高技术创新水平。

一、农业技术集成创新内涵的理解

农业智能作业装备仅依靠单一技术的突破是远远不够的，必须整合科技资源，选择对农业发展关联度大和带动性强的多项农业技术进行联合攻关。为此，要加强农业技术与现代信息技术的研发与集成，并把这些技术集成组装运用于农业智能作业装备的生产之中，提高智能作业装备的智能化水平。

从狭义角度来理解，集成创新是指通过对各种现有相关技术的有效集成，形成有市场竞争力的产品和新兴产业。但在现代社会化大生产过程中，产业关联度日益提高，技术的相互依存度日益增强，必须通过整合相关配套技术、建立相应的管理模式，才能最终形成生产力和竞争力。在这种背景下，集成创新更具有持续的优势。从广义层面来理解，集成创新是指以系统思想方法利用各种信息技术、管理技术与工具等创造性地将不同创新主体的知识、技术、市场、管理、文化以及制度等各种创新要素、创新内容进行综合选择和优化集成，相互之间以最合理的结构方式结合在一起，为实现创新目的而形成功能倍增性和适应进化性的有机整体的实践过程。

二、技术集成创新模式的分析

集成创新具有创造性、融合性、系统性强的特点，能够促进各个创新主体有效合作、优化资源配置，并促进创新行为主体与创新环境的融合，进而产生集成放大效应。从这个角度出发，农业智能作业装备的创新与集成是以节本降耗、优质高效为设计理念，有目的地选取相关技术、信息、资源、人才，通过优化配置进行资源整合和技术整合的动态过程，最终实现放大的集成效应。

三、技术集成与创新体系的构建

集成的实质是要素整合和优化配置的过程，因此，农业技术集成的内涵也至少应该包括两个方面：一是指将农业先进适用技术进行组装配套，形成完整的技术体系，即新品种、新技术、新设备的横向整合过程。二是指将技术研发、示范推广、生产实践各环节有机链接起来，实现物质、信息、人才等要素的自由流动和反馈调节，即农业科技研发、推广、应用的纵向整合过程。

事实上，我国目前大力推行的"产、学、研"结合以及建立区域创新体系、国家创新系统等都是宏观层面广义集成创新的具体实践。此外，高速发展的信息技术、管理技术也为这种广义上的集成创新提供了强有力的支撑。

我国现阶段推进集成创新所采取的主要模式包括：一是种植、养殖技术等安全生产技术的综合集成，如各种粮油作物、园艺作物优良品种的选用及配套的规模化、设施化生产技术，病虫害综合防治技术、科学施肥技术、旱作农业技术、生物农药技术等；各种优良畜禽品种选用、集约化健康养殖技术，饲料加工配置技术，畜禽病害防治技术等，从而实现农业的规模化、标准化、安全化生产。二是农产品加工业技术集成，如农产品储藏保鲜及商品化包装技术、农产品精深加工技术等，从而构筑产加销"一条龙"的产业链。三是生态农业技术集成，如"鸭稻共作""桑基（蔗基、果基、花基）鱼塘""猪（禽）—沼—果—鱼"等循环农业、生态农业、立体农业技术的集成。四是农业生产废弃物、生活垃圾无害化处理技术集成，如沼气发酵及综合利用技术、有机肥生产及无害化技术、秸秆综合利用技术等。

在农业智能装备领域，要聚焦短板弱项，建设创新体系。国务院常务会议提出，要抓紧解决主要经济作物薄弱环节"无机可用"的问题。下一步，我们要加大科研支持力度，突破核心技术和关键零部件的"瓶颈"制约，不断优化产品结构，建立健全部门协同联动、覆盖关联产业的创新机制，完善以企业为主体、市场为导向的农机装备创新体系。同时，鉴于农机作业环境复杂、时效性强，对农机装备的可靠性、稳定性的要求非常高，我们鼓励企业加强研发后样机的工程化验证，深化农机农艺融合，与新型农业经营主体对接，探索建立"企业+合作社+基地"的农机产品研发、生产、推广新模式，持续提升创新能力。鼓励有条件的地区建设农机产业园，孵化培育一批技术水平高、成长潜力大的创新型农机企业，促进农机装备领域高新技术产业发展，切实提高农机装备的质量，破解"无机可用"的难题。鼓励有条件的地区建设农机产业园，孵化培育一批技术水平高、成长潜力大的创新型农机企业，促进农机装备领域高新技术产业发展。一方面需加强传统农业作业装备与信息、物联网、智能控制、大数据等现代技术的融合；另一方面需加强企业、科研机构和高等院校之间产、学、研密切合作，实现知识、技术、生产、市场等环节的有效集成，实现不同创新执行主体之间通过多种方式的分工与协作，促进知识、技术、资源、信息的融通，实现资源共享、优势互补，减少内耗，提高农业智能作业装备技术集成创新效率。

第二节　构建智能作业装备制造体系

目前中国企业智能化水平参差不齐，仅有10%左右的大企业智能制造水平较高，在规模以上的工业企业中，生产线上数控装备比重达到30%。而根据德勤与中国机械工业联合会2013年调研200家制造企业所发布的首份中国智造现状及前景报告，中国智能制造处于初级发展阶段，同样也是大部分处于研发阶段，仅16%的企业进入智能制造应用阶段。过去10多年，我国农机装备产业经历了以粗放式为标志的快速发展阶段，未来10年我国农机装备产业将进入以智能化、自动化为标志的集约化发展与制造业转型升级阶段。由于智能化装备与传统装备在制造体系方面有着巨大差异，因此要围绕智能工厂、数字化车间、智能装备、智能新业态、智能化管理、智能化服务6个维度来构建智能化农机装备制造体系，为智能化农机发展提供支撑与保障。

一、智能工厂

智能工厂是指通过数字化或智能化农机化工厂的设计更新，更好、更快地规划高效的生产线及进行老生产线改造，缩短新产品的上市周期，减少新产品的开发成本和风险，优化产品设计以利于加工，优化生产线配置和布局，减少生产线准备和停机时间，增加生产线设备生产力，大大提高生产率，改善工人的劳动环境，提高产品质量。

农机行业要以国家推动智能制造试点专项行动为契机，在农机典型骨干企业内，组织开展数字化车间试点示范项目建设，推进农机企业生产装备智能化升级、工艺流程改造、基础数据共享等试点应用。

依托一批国内外优秀工厂设计团队，构建智能化制造装备数据库，选择若干重点行业、重点企业和重点产品，从工厂整体规划着手，通过对生产线的构成、工艺布置、设备等的全面分析，并且充分考虑现有产品和新产品的结构变化趋势，找出影响生产节拍的主要因素，从而对新规划的厂房或原有厂房进行改进，使之更符合生产需要。

首先，要构建企业数据库，建立农机产品模型、资源模型（制造设备、原材料、能源、工夹具、生产人员和制造环境等）、工艺模型（工艺规则、制造路线等）以及生产管理模型（系统的限制和约束关系），并构建产品数据库和产品树。

其次，做好产品工艺路线构建和优化，将重点放在加工装配顺序、资源和布局优化、生产线平衡和人机工程仿真上，为实现数字化制造奠定扎实基础。

二、数字化车间

数字化车间是基于生产设备、生产设施等硬件设施，以降本提质增效、快速响应市场为目的，在对工艺设计、生产组织、过程控制等环节优化管理的基础上，通过数字化、网络化、智能化等手段，在计算机虚拟环境中，对人、机、料、法、环、测等生产资源与生产过程进行设计、管理、仿真、优化与可视化等工作，以信息数字化及数据流动为主要特征，对生产资源、生产设备、生产设施以及生产过程进行精细、精准、敏捷、高效地管理与控制。数字化车间既是智能车间的第一步，也是智能制造的重要基础。

在制造型企业，车间处于非常重要的位置。企业价值最终表现在产品与服务上，而车间是企业中将各种图纸转变为产品的主要场所，是决定生产效率与产品质量的重要环节，车间往往也是企业中员工数量最多的组织。因此，在很大程度上，车间强则企业强，车间智则企业智。《中国制造2025》中也明确指出："推进制造过程智能化，在重点领域试点建设智能工厂/数字化车间。"数字化车间建设是智能制造的重要一环，是制造企业实施智能制造的主战场，是制造企业走向智能制造的起点。

在智能工厂的基础上，优化生产制造系统的布局和配置，将前期构建好的生产设备资源模型添加到生产线指定工位中，并检查生产线物流通道与物料空间是否有干涉，从而科学分配资源和优化工厂（车间）布局，实现数字制造车间的有效运行。

三、智能装备

智能装备指具有感知、分析、推理、决策、控制功能的制造装备，它是先进制造技术、信息技术和智能技术的集成和深度融合，包括高档数控机床与基础制造装备，自动化成套生产线，智能控制系统，精密和智能仪器仪表与试验设备，关键基础零部件、元器件及通用部件。在农业智能作业装备领域，是指加强机电技术与现代液压、仪器与控制、现代微电子和信息等高新技术融合，强化动植物生产性能、疫病形态表征信息的获取和大数据解析、智能决策技术研究，开发高附加值具有精细作业能力的农业装备。

四、智能新业态

以大数据、移动互联网、智能控制、卫星定位等信息技术为支撑，加快其在农机装备和农机作业上的应用，推进多元、多维、多层次的农耕和农产品溯源的数字化建设，推进农业生产全程全链机械化、稳定提升农业综合生产力、合理调整农业结构等方面聚集行业智慧，以产业急需、农民急用为导向，加快农业机械化科技创新，加快研发高效、低耗、智能农机装备，加快先进农机装备和技术的引进，大力推广绿色高效机械化技术，为规模经营和农业绿色发展奠定坚实的物质基础，形成智能农机新业态。

五、智能化管理

智能化管理是指把先进的物联网技术、控制技术、云计算技术和互联网技术集成在一起，功能强大且高效。其由农机配置、机具状态及智能化实时调度组成，在一个农场、一片区域甚至全国形成高效的农业生产管理网络，采集农业地理、作业环境、农机作业参数、智能农机决策等信息，并进行传递、存储和分析；建立统一完善的信息管理系统，根据农作物生长情况和气候变化采取相应的调度措施；借助各种传感器和中央处理芯片实现多个农机的智能化互联，对协同作业的农机进行智能化管理，使农机作业效果达到最优化。

六、智能化服务

运用互联网手段，实现农机售前服务、售中服务、售后服务的智能化管理。售前服务就是农机技术服务人员免费为农民提供农机技术咨询，介绍农机产品的性能、技术条件、运用范围、质量保证、价格等，帮助农民选购适合当地作业的农机产品。在国家支农惠农政策出台后，农机服务人员还要向农民宣传党和国家的支农惠农政策、农机购置补贴政策、农机法律法规、《农业机械化促进法》和《农业机械安全监督管理条例》等，做到家喻户晓、人人皆知。售中服务就是从农民用户购置农机开始到投入使用，农机技术服务人员向农民传教农机操作技术，面对面地向农民讲解农机操作和安全使用方法、农机维护保养及故障排除等知识。农机售后服务就是农民用户在使用农机时，农机技术服务人员根据农民的需求，帮助指导农民对农机进行维护保养、故障排除和农机闲置期封存停放的方法等。推进农机装备产业链上下游企业加强协同，引导零部件企业与整机企业构建成本共担、利益共享的新型合作机制，加快关键技术产业化。提升智能化制造水平和质量管控能力，探索开展个性化定制、网络精准营销、在线支持服务等新型商业模式。建立健全现代农机流通体系和售后服务网络，创新现代农机服务模式。

构建大中小企业协同发展的产业格局，根据农业生产布局和区域地势特点等，紧密结合农业产业发展需求，以优势农机装备企业为龙头，带动一批区域特色产业集群建设，如以滁州为中心的发动机产业集群、以芜湖为中心的大中型农机产业集群等，推动农机装备均衡协调发展。

推进全产业链的协同发展，优化产业结构。农机装备企业要和产业链上下游企业深度对接，协同攻克基础材料、基础工艺、电子信息等"卡脖子"问题。同时，零部件与整机企业要"主配牵手",共同构建成本共担、利益共享的新型合作机制。鼓励大型农机企业向成套设备集成转变,支持中小企业向"专、精、特、新"的方向发展,支持优势农机装备企业为龙头,带动区域特色产业集群的建设。

第三节　制定系列产品规范标准

"智能制造、标准先行",标准化工作是实现智能制造的重要技术基础。标准化对提升产品质量等有着至关重要的作用,是提升产品质量,提高企业在行业竞争力的有效手段。

一、标准化是增强农产品市场竞争力的现实需求

未来几年,国内农业产业的发展,不仅要面对国内市场,更要做好应对国际市场的准备。面对激烈的市场竞争环境,国内生产的大宗产品,无论是在质量,还是在成本等方面,都要略逊于国际市场参与竞争的产品。而随着农机标准化作业的发展,一方面生产成本大大降低,另一方面产品的质量和产量都有了质和量的飞跃,大大提升国际市场竞争力,确保国内产品在国际市场能有一席之地。

二、标准化是确保农产品安全、保护生态环境的现实需求

加强农机标准化,是保护环境、实现农产品安全的重要措施。农业机械在农田作业中广泛使用,其性能、质量和使用方法影响着农产品的质量安全。高标准、高性能作业机械的规范使用,将有效地减少农药的使用量和残留量。同时,秸秆还田机械的推广应用,有利于减少秸秆焚烧带来的农田污染、环境污染、大气污染,改善生态环境。

三、标准化是保证农户增收、增产的现实需求

农机标准化作业的实现,尤其是高性能农机具的实际广泛应用,大大提升现有农业生产力水平,实现了农技科研成果的实际转化,有利于农机具的推广和应用,大大降低农业生产投入成本,实现了农户的增收、增产。

四、标准化是现代化农业发展的现实需求

农业现代化的发展,要求先进的技术与组织管理相融合。同时,满足农艺生产需

求，需加快农技技术成果的转化，以实现与农艺要求的完美契合。而农机标准化作业实现了农作物种植的规范化、规模化，确保农业生产的集约化、精准化。从某种程度上来讲，是实现农业现代化发展的客观要求。

农业智能作业装备产品规范方面需加强农业智能作业装备质量可靠性建设，构建现代农机装备标准体系，加强农机装备产业计量测试技术研究，重点地区建立农机装备检验检测认证公共服务平台，促进新一代信息通信技术在农机装备和农机作业上的应用，引导智能农机装备加快发展，推进"互联网+农机作业"。

据初步统计，已有33个国家开展农业智能装备标准化工作，发布国际及国家级农业智能装备标准百余项，我国农业机械电子装备标准体系发展严重滞后。2014年全国农业机械标准化技术委员会农业电子分技术委员会正式组建，从事智能农业领域国家标准制定工作。我们需要用最短的时间追赶发达国家智能农业装备制造标准几十年发展的脚步，引领和规范行业前沿技术发展，将中国制造标准领向世界。针对智能制造标准跨行业、跨领域、跨专业的特点，立足国内需求，兼顾国际体系，建立国家农业智能作业装备标准体系。有专家提出，针对智能农业机械领域需求，采用层次性结构形式，构建5层标准体系框架，即基础层、技术支撑层、应用领域层、标准系列层、具体标准层。基础层包括现代农业智能装备术语、通用规范、安全规范、环保要求、可靠性要求，作为农业智能装备应满足的基础条件与要求。技术支撑层是农业智能装备体系中所需的关键技术规范的总称，包括农业传感器通信协议、数据处理及决策模型、设备及软件接口、控制流程模型、作业管理。应用领域层包括农业机械智能装备、精准农业智能装备及农产品加工智能装备等领域，以当前行业发展的需求和研究重点，制定重点标准系列层。具体标准层是标准体系层的细分。依据《中国制造2025》战略，以信息化和工业化深度融合为主线，立足我国智能装备产业，坚持自主制定与采用国际标准相结合、基础技术标准制定与行业应用标准制定相结合、标准制定与示范应用相结合，强化智能装备标准实施与服务力度，为我国农业装备高端制造和产业发展提供有力的支持和保障，引领我国智能农机制造工业转型升级。

加快精准农业、智能农机、绿色农机等标准制定，对于申报相关地方标准的，给予优先立项、及时发布。对涉及人身安全的产品依法实施强制性产品认证工作，大力推进农机装备产品自愿性认证结果应用。加强农机产品质量监管，强化企业质量主体责任，对拖拉机、谷物联合收割机等重点产品实施行业规范管理。强化知识产权保护，加大对质量违法和假冒品牌行为的打击和惩处力度，开展增品种、提品质、创品牌"三品"专项行动。

第四节　打造农业智能作业装备生态圈

　　所谓生态圈，又称商业生态圈，指商业活动的各利益相关者通过共同建立一个价值平台而实现生态价值的最大化，力求"共同进化"。农业智能作业装备产业中，必须推进农机化与信息化、智能化的深度融合发展，提高农业现代化水平，打造农业智能作业装备生态圈，只有这样才能获得更好的发展。打造农业智能作业装备生态圈，需要政府、行业协会、企业等方方面面共同努力。

一、加强信息化基础建设

　　得数据者得天下，没有现代先进的信息通信技术支撑，智慧农业的发展如无源之水、无本之木。政府相关部门应该加强信息化基础设施建设，培育社会化地理信息、测土配方、墒情检测、产量监控等数据支持体系。高端农机装备是自动化、电子化和信息化的统一体，要实现信息化应用、智能化制造、电子化融合、综合化服务和专业化生产，地理信息、环境信息、测土配方、土壤水分、病草虫害等信息是高端农机作业逻辑分析的基础，充分的数据挖掘使用能使高端农机的作业指令更为精准，以实现耕种管收全过程的变量、定量作业。

二、持续改善农机作业基础条件

　　政府相关部门需加强高标准农田建设、农村土地综合整治等方面制度、标准、规范和实施细则的制（修）订，进一步明确田间机耕道路、灌排沟渠、田块长宽平等"宜机化"要求，加强建设监理和验收评价。统筹相关资金及社会资本积极开展高标准农田建设，支持农机社会化服务组织、种粮大户和土地实际使用者参与高标准农田建设。推动农田地块小并大、短并长、陡变平、弯变直和互联互通，探索解决耕地"零碎化"难题。重点支持丘陵山区开展农田"宜机化"改造，加快补齐农业机械化基础条件薄弱的短板。落实设施农用地、新型农业经营主体建设用地、农业生产用电等相关政策，支持农机合作社等农机社会化服务组织生产条件建设。加强县级统筹规划，合理布局机具存放和维修、农作物育秧育苗以及农产品产地烘干和初加工等农机作业服务配套设施。有条件的地区可以将晒场、烘干、机库棚等配套设施纳入高标准农田建设范围。市、县人民政府要统筹安排城乡建设用地增减挂钩计划和新增建设用地计划，优先安排农机合作社等新型农业经营主体用地，并按规定减免相关税费。

三、加强农业智能作业装备的推广

重视农业智能作业装备的教育宣传工作，政府、农技推广、行业协会等需通过建立示范基地、培育区域示范样板，确保农业智能作业装备的利好，让民众看得见、摸得着，调动民众使用农业智能作业装备的积极性。借助多种形式、多种途径，做好推广农机标准化作业新技术的宣传工作。利用敞篷车、农村集市等，深入基层让民众更易接受。

四、加强新型农业人才的培养

引导高校设置相关专业，培养农业机械化创新型、应用型、复合型人才。支持高等院校招收农业工程类专业学生，扩大硕士、博士研究生培养规模。推动实施产教融合、校企合作，支持农机企业、农机社会化服务组织与学校共建共享工程创新基地、实践基地、实训基地。鼓励农机人才国际交流合作，健全新型农业工程人才培养体系。

充分发挥基层实用人才在推动技术进步和机械化生产中的重要作用。分层次进行技术理论和实践培训，先对农机管理人员和专业技术人员，在农机化示范基地建设中进行实际培训，逐步扩大培训范围，加快农机操作人员以及导航技术服务人员的培养。同时，智能农机装备价格高，推广难度较大，应该加大农机购置补贴政策支持力度，鼓励农民购买和使用现代农机装备，扩大新产品补贴试点，支持科技创新成果转化。

参考文献

白志杰. 2018. 基于声学特性水果硬度检测系统与应用方法的研究[D]. 镇江：江苏大学.

包佳林. 2017. 变量喷药控制系统的研究与实现[D]. 长春：吉林农业大学.

曹玮鑫，张金砖，李东坤，等. 2018. 远程遥控式智能果园喷药机器人的设计[J]. 湖北农业科学，57（8）：114-116.

曹扬. 2019. 除草机器人的结构及控制系统的设计与研究[D]. 郑州：华北水利水电大学.

陈敬谊. 2019. 果树施肥手册[M]. 北京：化学工业出版社.

陈姗姗，陈树人，韩红阳，等. 2013. 基于GPS的除草机器人导航控制系统设计及仿真[J]. 农机化研究（9）：141-144.

程伟. 2014. 基于结构光视觉的番茄果实识别定位系统设计[D]. 杭州：浙江工业大学.

程祥云，宋欣. 2019. 果蔬采摘机器人视觉系统研究综述[J]. 浙江农业科学，60（3）：490-493.

丁玲玲. 2016. 基于近红外高光谱图像技术对板栗果实的无损检测与品质鉴定[D]. 合肥：安徽农业大学.

樊正强. 2018. 四驱农业机器人移动平台协调运动控制研究[D]. 保定：河北农业大学.

范德耀，姚青，杨保军，等. 2010. 田间杂草识别与除草技术智能化研究进展[J]. 中国农业科学，43（9）：1 823-1 833.

范龙. 2016. 变喷杆式喷雾机可变喷量施药控制系统研究[D]. 南京：南京林业大学.

方珏. 2013. 矮化密植枣园修枝剪的优化设计与可靠性分析[D]. 石河子：石河子大学.

冯李航，张为公，龚宗洋，等. 2014. Delta系列并联机器人研究进展与现状[J]. 机器人，36（3）：374-385.

付威，刘玉冬，坎杂，等. 2017. 果园修剪机械的发展现状与趋势[J]. 农机化研究，39（10）：7-11.

付宗国，王丽. 2012. 基于ATmega32的遥控采摘机器人设计[J]. 电子设计工程，20（4）：151-154.

高海生. 2014. 果实品质无损伤检测与自动分级技术的研究进展[J]. 河北科技师范学院学报，28（1）：5-9.

高诗博，李强，蔡有杰，等. 2019. 变量式喷药装置的设计[J]. 现代农业装备，40（6）：38-42.

龚仲华. 2017. 工业机器人技术[M]. 北京：人民邮电出版社.

顾宝兴，姬长英，王海青，等. 2012. 智能移动水果采摘机器人设计与试验[J]. 农业机械学报，43（6）：153-160.

顾宝兴. 2012. 智能移动式水果采摘机器人系统的研究[D]. 南京：南京农业大学.

顾潘龙，石学文，胡金帅，等. 2018. 蔬菜大棚智能喷洒机器人的设计[J]. 电子技术（8）：73-76.

郭俊杰. 2011. 果园精准施药机控制系统设计[D]. 杨凌：西北农林科技大学.

郭彤颖. 2014. 机器人学及其智能控制[M]. 北京：人民邮电出版社.

韩绿化，毛罕平，胡建平，等. 2016. 温室穴盘苗自动移栽机设计与试验[J]. 农业机械学报，47（11）：59-67.

侯文军. 2006. 基于机器视觉的苹果自动分级方法研究[D]. 南京：南京林业大学.

胡发焕，董增文. 2014. 基于机器视觉的脐橙品质在线分级检测[J]. 湖北农业科学，53（9）：2 160-2 164.

胡慧明. 2018. 基于双目视觉的棚室番茄采摘关键技术研究[D]. 杭州：浙江工业大学.

胡迎思，于跃，朱凤武. 2018. 基于图像处理的田间杂草识别定位技术的研究[J]. 农业与技术，38（3）：17-20.

华崴鉴. 2019. 基于自主导航的移动机器人控制平台的设计与实现[D]. 南京：南京邮电大学.

黄彪. 2016. 枇杷剪枝机器人关键技术的研究[D]. 广州：华南理工大学.

黄华安. 2019. 我国智能化农业机械应用及发展建议研究[J]. 时代农机，46（3）：14-15.

黄小龙. 2014. 蔬菜株间锄草机器人末端执行器优化设计研究[D]. 北京：中国农业大学.

戢冰. 2018. 基于ARM的变量喷药控制系统设计[D]. 北京：中国农业机械化科学研究院.

贾会群，魏仲慧，何昕，等. 2018. 基于改进粒子群算法的路径规划[J]. 技术应用，49（12）：371-377.

贾挺猛. 2012. 葡萄树冬剪机器人剪枝点定位方法研究[D]. 杭州：浙江工业大学.

贾伟宽. 2016. 基于智能优化的苹果采摘机器人目标识别研究[D]. 镇江：江苏大学.

姜丽丽. 2011. 农田除草机器人组合导航技术研究[D]. 南京：南京林业大学.

姜丽萍，陈树人. 2006. 果实采摘机器人的研究综述[J]. 农业装备技术，32（1）：7-10.

蒋宝. 2019. 基于电学特性的果实采后无损检测研究进展[J]. 农产品加工，28（1）：80-82.

靳文停，葛宜元，张闯闯，等. 2019. 履带式温室智能喷药机器人的设计[J]. 农机使用与维修（1）：8-11.

雷歌，殷凤来. 2019. 智能机械手应用现状及关键技术研究[J]. 无线互联科技（4）：133-134.

李道义，陈雷，尚小龙，等. 2019. 菠萝采摘机械手结构设计[J]. 农业工程，9（2）：1-5.

李寒，王库，曹倩，等. 2012. 基于机器视觉的番茄多目标提取与匹配[J]. 农业工程学报，28（5）：168-172.

李会宾，史云. 2019. 果园采摘机器人研究综述[J]. 中国农业信息，36（1）：1-9.

李慧. 2018. 工业机器人集成系统与模块化[M]. 北京：化学工业出版社.

李金凤. 2019. 小粒径蔬菜种子气吸式精密排种器的设计与试验研究[D]. 泰安：山东农业大学.

李俊良. 2016. 设蔬菜微灌施肥工程与技术[M]. 北京：中国农业出版社.

李锟. 2015. 高地隙喷药机设计及其变量施药系统研究[D]. 哈尔滨：哈尔滨工业大学.

李梅. 2015. 物联网科技导论[M]. 北京：北京邮电大学出版社.

李明焊. 2015. 基于嵌入式系统的低成本温室大棚智能控制器开发[D]. 沈阳：沈阳工业大学.

李守根，康峰，李文彬，等. 2017. 果树剪枝机械化及自动化研究进展[J]. 东北农业大学学报，48（8）：88-96.

李延华. 2016. 自主移动果园作业机器人地头转向与定位研究[D]. 南京：南京农业大学.

梁桥康. 2018. 机器人力触觉与感知技术[M]. 北京：国防工业出版社.

刘波. 2019. 柑橘采摘机器人移动平台视觉导航系统研究[D]. 重庆：重庆理工大学.

刘东明. 2016. 基于图像处理的水果品级筛选技术研究[D]. 西安：西安工业大学.

刘继展. 2017. 温室采摘机器人技术研究进展分析[J]. 农业机械学报，48（12）：1-18.

刘路. 2016. 大田环境下智能移动喷药机器人系统研究[D]. 合肥：中国科学技术大学.

刘民法. 2015. 基于机器视觉技术的红枣自动化分级机的结构设计研究[D]. 银川：宁夏大学.

刘现，李传辉，黄语燕，等. 2018. 福橘大小自动分选控制系统的设计与实现[J]. 福建农业科技（12）：1-5.

刘永平，许杰，廖福林，等. 2020. 新型果园除草机器人结构设计与切割仿真分析[J]. 农机化研究（4）：28-32.

龙吉. 2017. 基于STM32微控制器的无人机农药喷洒系统设计[J]. 农业与生态环境（35）：92-94.

隆清贤. 2015. 多旋翼无人植保机系统设计与分析[D]. 长沙：国防科技大学.

陆怀民. 2001. 林木球果采摘机器人设计与试验[J]. 农业机械学报，32（6）：52-58.

陆皖麟，雷景森，邵炎. 2019. 基于改进A*算法的移动机器人路径规划[J]. 技术应用，40（4）：197-201.

罗小勇，宁志超. 2011. 六自由度果实采摘机械手控制系统的设计[J]. 信息技术（2）：72-74.

吕颖利. 2019. 农业机械自动化的现状和发展趋势[J]. 广东蚕业，53（9）：50-51.

马烨，王淑青，毛月祥. 2020. 基于神经过程粒子群算法的移动机器人路径规划[J]. 湖北工业大学学报，35（1）：17-20.

马长青. 2019. 美国白蛾幼虫网幕喷药机器人视觉伺服控制系统设计[D]. 聊城：聊城大学.

明瑞冬. 2018. 基于ROS的移动机器人自主导航系统研究[D]. 武汉：武汉理工大学.

聂森. 2016. 基于组合信息的果园移动机器人检测系统研究[D]. 杨凌：西北农林科技大学.

宁志超. 2010. 基于ATmega16的六自由度果实采摘机械手控制系统的设计[D]. 哈尔滨：东北农业大学.

潘琪. 2016. 自主移动机器人的路径规划算法研究[D]. 开封：河南大学.

祁亚卓. 2020. 国内外蔬菜播种机的研究现状与发展趋势[J]. 中国农机化学报，41（1）：205-208.

祁雁楠. 2019. 基于机器视觉的马铃薯疮痂检测方法[D]. 北京：中国农业机械化科学研究院.

邱白晶，闫润，马靖，等. 2015. 变量喷雾技术研究进展分析[J]. 农业机械学报，46（3）：59-72.

饶秀勤，应义斌，吕飞玲，等. 2004. 水果声学特性测试系统的研制[J]. 农业机械学报，35（2）：69-71.

邵金祥. 2016. 爬树修枝机器人控制系统设计与试验研究[D]. 泰安：山东农业大学.

沈江洁. 2011. 新红星苹果果实采后电学特性与生理特性关系的研究[D]. 杨凌：西北农林科技大学.

沈旭. 2011. 除草机器人农田行内作物/杂草识别研究[D]. 南京：南京林业大学.

师永林. 2019. 结构化环境下自主导航全向移动平台设计与实现[D]. 郑州：郑州大学.

宋博涵. 2017. 基于超声波测距的室内移动机器人自主导航技术研究[D]. 哈尔滨：哈尔滨工业大学.

苏欣. 2017. 基于计算机视觉信息处理技术的苹果自动分级研究[J]. 农机化研究，39（6）：242-244.

随顺涛. 2009. 车载式变量施药机控制系统研究[D]. 杨凌：西北农林科技大学.

孙君亮，闫银发，李法德，等. 2019. 智能除草机器人的研究进展与分析[J]. 中国农机化学报，40（11）：73-80.

孙梦涛. 2018. 温室并联移栽机器人的动力学与控制研究[D]. 镇江：江苏大学.

孙亚强，吴翠云，王德，等. 2015. 近红外光谱技术在果品无损检测中的应用研究进展[J]. 中国果树

（2）：77-80，84.

王超宇. 2019. 自主导航机器人平台的研究与实现[D]. 成都：成都理工大学.

王干. 2018. 车载式脐橙采后分级设备的研究[D]. 镇江：江苏大学.

王洪波. 2018. 番茄自动移栽机栽植机构的设计与试验[D]. 泰安：山东农业大学.

王辉. 2011. 机器视觉技术在果园自动化中的应用研究[D]. 北京：中国农业机械化科学研究院.

王甲甲，程志强，张伏，等. 2020. 果园采摘机械手研究现状综述[J]. 农机化研究（5）：258-262.

王茂森. 2015. 智能机器人技术[M]. 北京：国防工业出版社.

王沈辉. 2006. 机器人采摘番茄中的双目定位技术研究[D]. 镇江：江苏大学.

王顺，黄星奕，吕日琴，等. 2018. 水果品质无损检测方法研究进展[J]. 食品与发酵工业，44（11）：319-324.

王玮. 2015. 蔬菜农场化生产专项技术[M]. 郑州：中原农民出版社.

王艳. 2013. 高效除草机器人控制系统设计[D]. 南京：南京林业大学.

王燕. 2010. 黄瓜采摘机器人运动规划与控制系统研究[D]. 杭州：浙江工业大学.

王耀男. 2018. 机器人环境感知与控制技术[M]. 北京：化学工业出版社.

王越弘. 2018. 无人植保机施药作业管理系统研究[D]. 沈阳：沈阳工业大学.

王中玉，曾国辉，黄勃，等. 2019. 改进A*算法的机器人全局最优路径规划[J]. 计算机应用，39（9）：2 517-2 522.

吴翙卉，卢杜晓，罗忠辉，等. 2019. 智能机器人的超声波避障技术研发及应用[J]. 机床与液压，47（9）：46-50.

伍锡如，雪刚刚，刘英璇. 2020. 基于深度学习的水果采摘机器人视觉识别系统设计[J]. 农机化研究（2）：177-182.

武军，谢英丽，安丙俭. 2013. 我国精准农业的研究现状与发展对策[J]. 山东农业科学（9）：118-112.

夏坡坡. 2018. 设施农业环境下移动作业平台导航控制系统研究[D]. 杭州：浙江农林大学.

徐江伟. 2004. 智能移动机器人及其基于行为控制技术研究[D]. 天津：河北工业大学.

许杰. 2019. 新型果园除草机器人机械结构与控制系统设计[D]. 兰州：兰州理工大学.

闫琳宇. 2018. 室内动态环境下移动小车的路径规划技术研究[D]. 南京：东南大学.

闫全涛，李丽霞，邱权，等. 2019. 小型移动式农业机器人研究现状及发展趋势[J]. 中国农机化学报，40（5）：178-186.

闫树兵，姬长英. 2007. 农业机器人移动平台的研究现状与发展趋势[J]. 拖拉机与农用运输车，34（5）：13-15.

杨常捷. 2018. 基于物联网的花卉种植智能监控系统研究[D]. 湘潭：湘潭大学.

杨振，李建平，杨欣，等. 2018. 果树枝条修剪机械装置设备研究进展[J]. 现代农业科技（19）：226-228.

尹方. 2018. 番茄侧枝修剪机器人的设计与仿真研究[D]. 温州：温州大学.

尹孟. 2019. 基于声学特性的苹果硬度快速检测方法与装置研究[D]. 泰安：山东农业大学.

袁夫彩. 2017. 工业机器人及其应用[M]. 北京：机械工业出版社.

张保卫. 2017. 移动机器人室内避障与路径规划方法研究[D]. 杭州：浙江理工大学.

张方明，应义斌. 2019. 水果分级机器人关键技术的研究和发展[J]. 河北工业科技，36（6）：410-414.

张峰峰，王家胜，王东伟，等. 2017. 自动蔬菜穴盘育苗精量播种机的设计与试验[J]. 农机化研究，11（11）：93-98.

张海燕. 2015. 基于物联网的智能温室控制系统设计与实现[D]. 沈阳：沈阳工业大学.

张晶. 2019. 物联网与智能制造[M]. 北京：国防工业出版社.

张凯丽. 2018. 植保机喷药变流量控制[D]. 沈阳：沈阳工业大学.

张明宇，刘峰，郑永鑫，等. 2020. 基于ARM反馈智能变量喷药控制系统研究[J]. 农业与技术，40（3）：49-52.

张鹏，张丽娜，刘铎，等. 2019. 农业机器人技术研究现状[J]. 农业工程，9（10）：1-12.

张庆怡. 2017. 苹果采摘机器人在线分级系统研究[D]. 南京：南京农业大学.

张英旭. 2013. 农业机器人移动平台数据采集系统及伺服控制系统的研制[D]. 天津：河北工业大学.

张羽. 2018. 精密自动除草机器人视觉系统开发[D]. 上海：东华大学.

张哲远. 2016. 果园机器人自主导航关键技术研究[D]. 武汉：华中科技大学.

赵春江. 2019. 农业机器人展望[J]. 中国农村科技（5）：20-21.

周毛. 2018. 基于双目视觉的农业采摘机器人控制系统设计研究[D]. 青岛：青岛理工大学.

周涛. 2018. 番茄采摘机器人的设计与实现[J]. 安徽农业科学，46（28）：182-185.

朱光强. 2017. 智能喷洒机器人系统设计[D]. 佳木斯：佳木斯大学.

朱磊磊. 2010. 果园管理机器人平台的自动导航系统研究[D]. 杨凌：西北农林科技大学.

邹小兵. 2005. 移动机器人原型的控制系统设计与环境建模研究[D]. 长沙：中南大学.